한식명장이 추천하는 50가지 건강식 레시피

세상 편한 건강식

한식명장 **박 미 란** 지음

d|c|b
대경북스

세상 편한 건강식

지은이 / 박미란

기획 · 진행 / 지선아

스타일링 / 문수연

사진 / 김영대

초판인쇄 / 2022년 7월 18일

초판발행 / 2022년 7월 22일

발행인 / 김영대

발행처 / 대경북스

ISBN / 978-89-5676-914-1

dcb
대경북스

등록번호 제 1-1003호
서울시 강동구 천중로42길 45(길동 379-15) 2F
전화: (02)485-1988, 485-2586~87 · 팩스: (02)485-1488
e-mail: dkbooks@chol.com · http://www.dkbooks.co.kr

건강한 식재료로 만든 제철음식이 보약이다

최근 몇 년 동안 제게는 많은 일들이 일어났습니다. 2018년 한국음식문화재단 '대한민국 한식대가' 선정을 시작으로 2021년 제9회 한국 식문화세계화대축제 한국음식 & 북한음식 부문 음식경연 전시 대통령상 대상 수상, 2022년에는 대한민국 한식포럼 '대한민국 한식명장'에 선정되는 영예를 얻었습니다.

이렇게 기쁘고 감사한 일들만 있었던 것은 아닙니다. 너무도 바쁘게 앞만 보고 달려온 탓인지 건강에 이상이 와서 암 진단을 받고 수술을 하기도 했습니다. 다행히 수술은 잘 되었고, 현재 빠르게 건강을 되찾아가고 있습니다.

막상 제가 암이라는 병에 걸리고 보니 건강에 대해 다시금 생각하게 되었고, 건강의 유지·증진에 중요한 역할을 하는 식생활과 생활 습관에 대해 많은 관심을 가지고 공부를 하게 되었습니다.

그래서 《세상 편한 집밥》(2018년), 《세상 편한 혼밥》(2020년)에 이어, 이번에는 《세상 편한 건강식》을 세상에 선보이게 되었습니다.

사람의 몸에 존재하는 영양소는 약 60종이나 된다고 합니다. 영양소 중에서도 '단백질', '지방', '탄수화물'의 세 가지는 몸의 토대가 됨과 동시에 에너지원이 되기도 하므로 '3대 영양소'라고 합니다. 여기에 '비타민'과 '미네랄'을 더하여 5대 영양소라고 부르고, 최근에는 '식이섬유'를 제6의 영양소라고도 부르는 사람도 있습니다.

이들 5대 영양소는 모두 우리 몸에 없어서는 안 되는 것들이지만, 가장 중요한 것은 영양소의 밸런스입니다. 너무 과하거나 부족해도 몸에 이상을 가져올 수 있기 때문입니다. 아무리 몸에 좋은 음식이라도 한 가지 음식만 계속 먹으면 몸에 무리가 오고 영양 결핍이 생길 수 있습니다.

그렇기에 5대 영양소가 골고루 들어간 음식을 균형 있게 섭취하는 지혜가 필요합니다. 음식을 통해 섭취할 수 있는 영양소라면 굳이 정제된 약 형태로 별도로 섭취할 필요가 없습니다. 신선한 제철의 식재료에 좋은 양념을 가미하여, 맛 좋고 영양 좋은 식품으로 섭취하는 것이 가장 좋은 식생활의 방법입니다.

이 책에서는 입맛이 없거나 체력이 떨어졌을 때, 또는 환자식으로 활용하기 좋은 죽과 스프, 밥 메뉴를 비롯하여, 입맛을 돋우고 건강에 도움을 주는 찌개와 조림, 각종 반찬류, 샐러드와 채소 요리 등 건강식 50선을 소개하고 있습니다.

한편, 궁합이 맞는 음식을 섭취하면 음식 간의 시너지 효과로 건강에 도움을 주지만, 궁합이 맞지 않는 음식을 함께 먹으면 탈이 나거나 부작용을 일으킬 수도 있습니다. 이 책에서는 닭고기와 인삼, 돼지고기와 새우젓, 두부와 미역, 아욱과 새우, 인삼과 벌꿀 등 서로 궁합이 맞아 함께 섭취하면 상승작용을 일으키는 재료들을 고려하여 건강식이라는 취지를 살리려고 노력하였습니다.

이 책에 소개된 요리들을 만들기 위해 요리를 잘하는 사람이나 요리에 대한 전문적인 지식을 가진 사람이 될 필요는 없습니다. '세상 편한'이라는 모토처럼 요리 초보라도 쉽게 따라할 수 있도록 쉬운 레시피와 주변에서 쉽게 구할 수 있는 흔한 식재료를 사용하였습니다.

아무쪼록 많은 분들이 패스트 푸드와 레토르트 식품이 난무하고 있는 이 시대에 직접 요리하여 먹는 '엄마표 집밥' 건강식 레시피를 통해 건강하고 힘차게 일상을 영위해 나가시길 바랍니다.

2022년 여름

박 미 란 드림

누구나 쉽게 만들 수 있는 50가지 건강식 레시피

한복선 식문화연구원의 수석연구원이자 부원장이며, (주)대복의 부회장인 박미란 님과 함께 일해온 지 어느덧 22년의 세월이 흘렀습니다.

사업과 방송활동에 매진하면서도, 이렇게 틈틈이 멋진 레시피들을 모아 벌써 세 번째 책을 간행하는 박미란 부원장의 꼼꼼함과 성실함에 매번 감탄하게 됩니다.

과학과 의학 기술이 첨단화되고 있는 현대에도 암과 성인병 등의 질병은 정복될 기미를 보이지 않고 있습니다. 학자들은 질병의 원인으로 좌식 생활로 인한 운동부족, 패스트푸드, 정크푸드 등 불건전한 식품 섭취와 불규칙한 식생활, 복잡다단한 사회생활로 인한 스트레스 증가 등을 꼽고 있습니다.

1인가구의 급증, 개인의 삶이 무엇보다 중시되고, 혼자 식사를 하는 것이 대세가 되어버린 이 시대에 좋은 재료로 직접 요리한 가정식을 먹는다는 것은 스스로 건강을 관리하고 챙기는 것이 당연시되는 이 시대에도 결코 쉽지 않은 일입니다.

이런 현실에서 2년 간의 노력의 결실로 완성된 세 번째 저서 《세상 편한 건강식》은 구하기 힘든 재료들이 아니라 냉장고를 열면 늘 있을 법한 흔한 재료들과 요리 초보자도 쉽게 만들 수 있는 쉬운 레시피로, 배달음식과 인스턴트에 질린 현대인들에게 집밥의 멋과 맛, 그리고 건강함을 전해줄 수 있는 멋진 요리 길잡이라고 생각합니다.

누구나 쉽게 만들 수 있는 50가지 건강식 레시피를 이 시대의 배달음식과 외식에 지친 현대인들에게 자신있게 권해드립니다.

2022년 7월

한복선 식문화연구원 원장 한복선

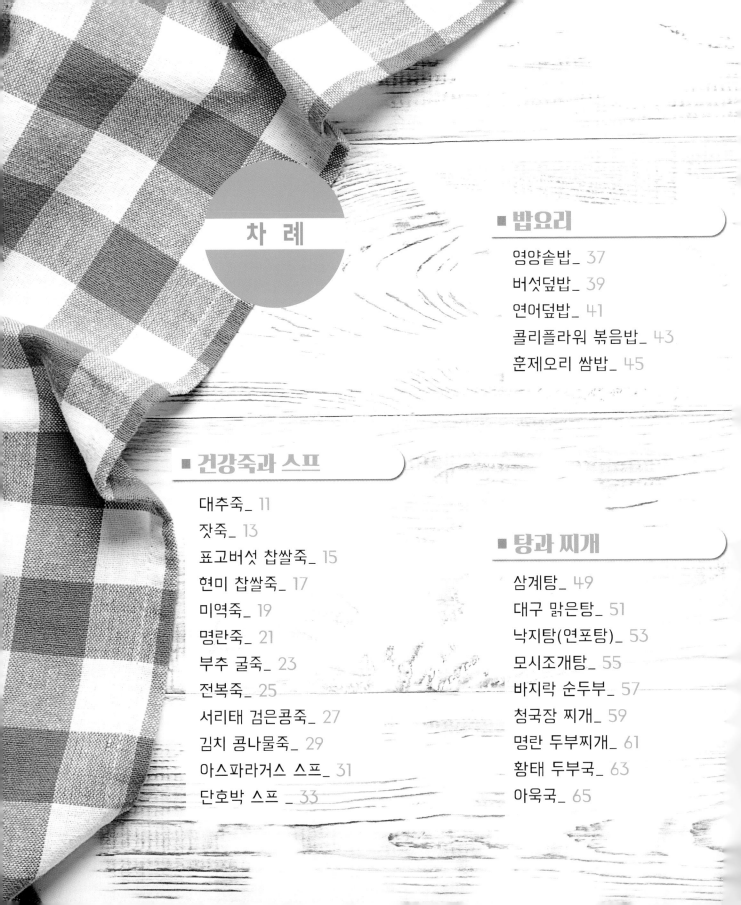

차 례

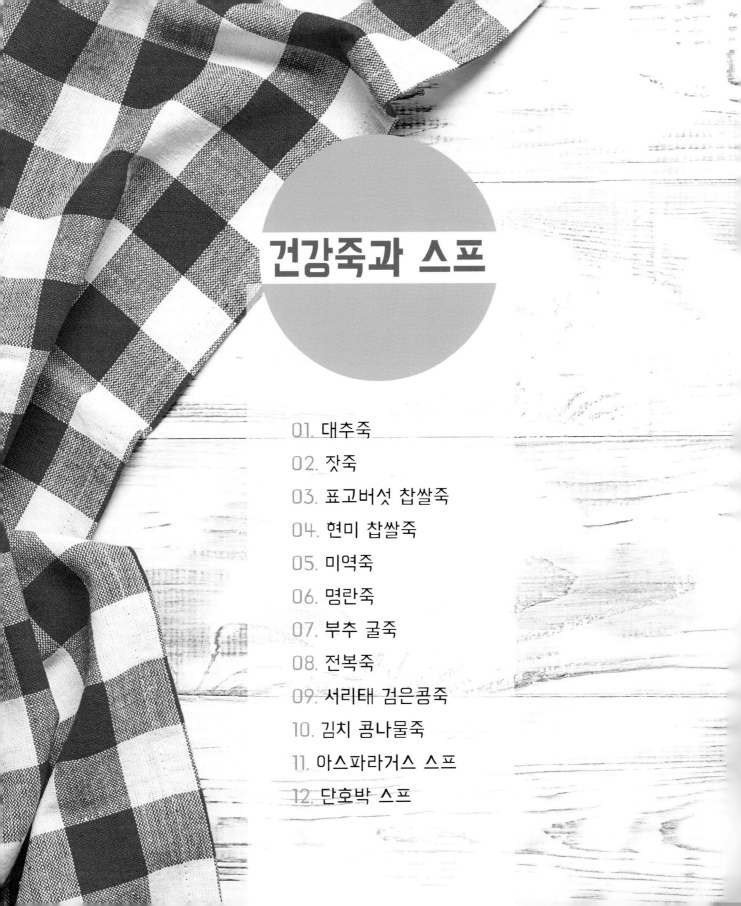

건강죽과 스프

대추죽

기운을 나게 하는 쌀에 면역력 향상에 좋은 대추와 수삼 물을 넣어 만든 향이 좋은 보양죽.

/주재료/
대추 60g (10개)

/부재료/
불린 멥쌀 ½컵
수삼 2개 (100g)
물 6컵

/양념/
소금 약간
꿀

명장의 비법

끓인 대추의 거칠한 질감을 원하지 않는다면, 불린 쌀과 대추를 처음부터 갈지 않고 푹 끓여 익힌 후 곱게 갈아 굵은 체에 걸러 미음처럼 먹어도 좋다.

만들기

1. 수삼은 편으로 썰어 물 6컵을 넣고 충분히 우러나게 4컵 분량이 될 때까지 끓인다.

2. 멥쌀은 깨끗이 씻어 30분 이상 충분히 불린 후, 수삼 끓인 물 ½컵을 넣고 블렌더에 간다.

3. 대추는 겉면을 깨끗이 닦은 후, 돌려 깎아 씨를 제거한 뒤 곱게 간다.

4. 냄비에 준비된 멥쌀과 대추를 넣고, 수삼 끓인 물을 넣어 처음은 센불에, 끓기 시작하면 불을 줄여 은근한 불에서 쌀이 익을 때까지 저어가며 끓인다.

5. 충분히 익으면 그릇에 담아 기호에 따라 소금이나 꿀을 넣어 먹는다.

영양정보

대추

스트레스 해소와 신경 안정, 염증 제거에 도움이 되며, 비타민 C와 항산화 성분이 풍부해 피부 미용에도 좋다. 당분과 식이 섬유가 소화 기능을 촉진하고 면역력 향상과 변비 해소에도 도움이 된다.

멥쌀

쌀은 탄수화물 성분이 많이 들어 있어, 체력 증진과 기력 회복에 좋다. 갈증을 없애며, 설사와 배탈을 그치게 하는데 도움이 된다.

수삼

혈액 순환을 도와 몸을 따뜻하게 해주고, 부족한 기운을 돋우고, 면역력 향상에 좋다.

잣죽

고운 멥쌀죽에 고소한 잣을 곱게 갈아 넣어 향이 좋고
영양도 좋은 고급 죽.

/주재료/
잣 ½컵

/부재료/
불린 멥쌀 ½컵
수삼 1개 (50g)
물 8컵

/양념/
소금 약간
꿀

명장의 비법

- 푹 익어가는 고운 멥쌀죽에 잣물을 한꺼번에 붓지 않
고, 조금씩 부으면서 한 방향으로 계속 저어야 멍울
지지 않고 매끄러운 잣죽으로 잘 끓일 수 있다.
- 수삼 끓인 물의 농도가 진하지 않아야 잣죽의 고소한
향을 살릴 수 있다.

만들기

1. 수삼은 편으로 썰어 물 8컵을 넣고 수삼이 우러나
도와 7컵 분량이 될 때까지 끓인다.
2. 충분히 불린 멥쌀은 수삼 끓인 물 1컵을 넣고 블렌
더에 곱게 갈아 체에 거른다.
3. 잣도 수삼 끓인 물 1컵을 넣고 블렌더에 곱게 갈아
체에 거른다.
4. 두꺼운 냄비에 체에 거른 멥쌀과 수삼 끓인 물 5컵
을 부어 저어가며 푹 끓인다.
4. 죽의 농도가 어느 정도 되직해지면, 갈아 놓은 잣
물을 조금씩 넣어가며 끓인다.
5. 이때 멍울지지 않도록 계속 저어가며 부드럽게 끓
인다.
6. 죽이 부드럽게 충분히 익으면 그릇에 담아 기호에
따라 소금이나 꿀을 넣어 먹는다.

영양정보

잣
불포화지방산이 많아 쉽게 상하므로 잘 밀봉하여 냉장실이나
냉동실에 보관한다. 혈액을 맑게 하고 피부를 윤택하게 하며,
철분이 많아 빈혈에도 좋다.

멥쌀
쌀은 탄수화물 성분이 많이 들어 있어, 체력 증진과 기력 회복에
좋다. 갈증을 없애며, 설사와 배탈을 그치게 하는데 도움이 된다.

수삼
혈액 순환을 도와 몸을 따뜻하게 해주고, 부족한 기운을 돋우
고, 면역력 향상에 좋다.

표고버섯 찹쌀죽

감칠맛의 표고와 소고기를 넣어 끓인 고소한 찹쌀죽.

/주재료/
말린 표고버섯 5개

/부재료/
다진 쇠고기 30g
불린 찹쌀 ½컵
물 4컵

/양념/
참기름 1큰술
간장 약간

명장의 비법

- 건조표고가 생표고에 비해 비타민 D가 더 많고 감칠
  맛도 더 좋다.
- 건조 표고버섯을 물에 불릴 때 감칠맛이 물에 녹아
  나오므로 단시간에 불려야 한다.
- 설탕을 조금 넣어두면 빨리 불릴 수 있다.

만들기

1. 마른 표고버섯은 미지근한 물에 충분히 불려 물기
   를 짠 후 곱게 채썬다.
2. 표고 불린 물은 버리지 말고, 고운 체에 깨끗하게
   거른다.
3. 충분히 불린 멥쌀은 블렌더에 넣고 걸러둔 표고버
   섯 물 ½컵을 넣고 가볍게 후루룩 간다.
4. 두꺼운 냄비에 참기름을 넣고 다진 쇠고기와 채썬
   표고버섯, 간장 약간을 넣어 볶다가 갈아 놓은 쌀
   을 넣어 함께 어우러지도록 볶는다.
5. 여기에 나머지 표고버섯 불린 물을 넣어 처음은 센
   불에, 끓기 시작하면 불을 줄여 은근한 불에서 쌀
   이 익을 때까지 저어가며 끓인다.
6. 죽이 충분히 익으면 그릇에 담고 기호에 따라 간장
   을 조금 넣어 먹는다.

영양정보

표고버섯

마른버섯을 물에 우려낼 때 맛이 나오므로 즙액은 버리지 않고
이용하는 것이 좋다. 건조시키면 감칠맛이 강해진다. 감칠맛은
구아닐산으로 핵산계 조미료의 성분이다. 비타민 B1과 B2도 풍
부하고 비타민 D가 많다

소고기

좋은 질의 동물성 단백질과 비타민 A, B1 , B2 등을 함유하고
있어 영양가가 높고 기운을 북돋운다.

찹쌀

찹쌀은 위벽을 자극하지 않으면서 소화가 잘되기 때문에 위를
편하게 해준다. 수술 후 회복기 환자들에게 좋은 식재료이다.

현미 찹쌀죽

면역력 향상에 좋은 현미찹쌀에 멥쌀을 함께 넣어 기운을 돋아주는 영양죽.

/주재료/
불린 현미찹쌀 ½컵

/부재료/
불린 멥쌀 ¼컵
소고기 30g
물 7컵

/양념/
참기름 1큰술
간장 약간

명장의 비법

- 현미찹쌀죽은 다른 죽에 비해 충분히 부드럽게 끓여 소화가 잘되도록 한다
- 소화기능이 약한 사람이라면 현미찹쌀을 꼭꼭 씹어 먹어야 한다.

만들기

1. 현미 찹쌀은 12시간 이상 충분히 불린다.

2. 불린 멥쌀과 불린 현미 찹쌀은 물 1컵을 넣어 블렌더에 곱게 간다.

3. 두꺼운 냄비에 참기름을 넣고 다진 쇠고기와 간장 약간을 넣어 볶다가 갈아 놓은 불린 멥쌀과 현미 찹쌀을 함께 어우러지도록 볶는다.

4. 여기에 물을 넣어 처음은 센불에, 끓기 시작하면 불을 줄여 은근한 불에서 쌀이 익을 때까지 저어가며 끓인다.

5. 죽이 충분히 익으면 그릇에 담고 기호에 따라 간장을 조금 넣어 먹는다.

영양정보

현미찹쌀
식이섬유, 무기염류와 비타민이 풍부하다. 노폐물을 배출하는 효능이 있어 몸의 해독작용을 돕는다. 면역력에 좋고 기력을 보충하여 피로 회복에 도움을 준다.

멥쌀
쌀은 탄수화물 성분이 많이 들어 있어, 체력 증진과 기력 회복에 좋다. 갈증을 없애며, 설사와 배탈을 그치게 하는데 도움이 된다.

소고기
좋은 질의 동물성 단백질과 비타민 A, B1 , B2 등을 함유하고 있어 영양가가 높고 기운을 북돋운다.

미역죽

영양 많은 찹쌀에 미역을 넣어 바다의 맛과 영양을 가득 담은 찹쌀죽.

/주재료/
불린 미역 ¼컵

/부재료/
찹쌀 ½컵
다진 소고기 30g
물 4컵

/양념/
참기름 1큰술
청장(국간장) ½큰술

명장의 비법

소고기 대신 기력에 좋은 문어, 닭고기, 게살을 넣어 끓여도 좋다

만들기

1. 마른 미역은 미지근한 물에 충분히 불려 먹기 좋은 크기로 썬다.

2. 충분히 불린 찹쌀은 블렌더에 넣고 물 ½컵을 넣고 가볍게 후루룩 간다.

3. 냄비에 참기름과 다진 쇠고기를 넣어 볶다가, 자른 미역과 청장을 넣어 함께 볶다가 갈아 놓은 찹쌀을 넣어 함께 어우러지도록 볶는다.

4. 여기에 물을 넣어 처음은 센불에, 끓기 시작하면 불을 줄여 은근한 불에서 쌀이 퍼질 때까지 저어가며 끓인다.

5. 죽이 충분히 익으면 그릇에 담아 낸다.

영양정보

미역

식이섬유가 풍부하여 신진대사를 활발하게 한다. 칼슘의 함량이 많을 뿐 아니라 흡수율이 높다. 아미노산이 함유되어 있으며, 혈액 속 콜레스테롤 양을 감소시키는 효과도 있다.
섬유질의 함량이 많아서 장의 운동을 촉진시킴으로써 신진대사를 활발하게 한다

찹쌀

찹쌀은 위벽을 자극하지 않으면서 소화가 잘되기 때문에 위를 편하게 해준다. 수술 후 회복기 환자들에게 좋은 식재료이다.

소고기

좋은 질의 동물성 단백질과 비타민 A, B1 , B2 등을 함유하고 있어 영양가가 높고 기운을 북돋운다.

명란죽

고소한 멥쌀죽에 짭조름한 맛으로 입맛을 돋우는 명란을 넣어 끓인 별미죽이다.

1. 충분히 불린 멥쌀은 물 ½컵을 넣고 블렌더에 후루룩 간다.

2. 통으로 된 명란을 도마에 놓고 겉껍질을 벗겨 분리한다.

3. 미나리는 송송 썰어 둔다.

4. 두꺼운 냄비에 참기름을 넣고 갈아 놓은 쌀을 함께 넣어 어우러지도록 볶는다.

5. 여기에 물을 넣어 처음은 센불에, 끓기 시작하면 손질해 둔 명란과 약간의 간장을 넣고, 은근한 불에서 쌀이 익을 때까지 저어가며 끓인다.

6. 죽이 거의 완성되면 송송 썰어둔 미나리를 넣은 후 불을 끄고 그릇에 담아낸다.

/주재료/
명란 30g

/부재료/
불린 멥쌀 ½컵
미나리 5g
물 4컵

/양념/
참기름 1큰술
간장 ½큰술

영양정보

명란
명태의 알로 단백질과 피로회복에 좋은 비타민 E가 풍부하고, 비타민 A, 비타민 B군도 많이 함유하고 있다.

멥쌀
쌀은 탄수화물 성분이 많이 들어 있어, 체력 증진과 기력 회복에 좋다. 갈증을 없애며, 설사와 배탈을 그치게 하는데 도움이 된다.

명장의 비법

- 명란 특유의 쓴맛이 약간 있으므로, 껍질을 벗기고 간장을 넣어 맛을 더한다.
- 두부나 달걀을 넣어 영양을 더하여도 좋다.

부추 굴죽

바다의 우유라고 불리는 싱싱한 굴을 넣어 고소하게
끓인 영양죽.

/주재료/
굴 ½컵

/부재료/
불린 멥쌀 ½컵
부추 3g
물 4컵

/양념/
참기름 1큰술
소금(간장) 약간

명장의 비법

- 굴의 크기가 클 경우에는 3~4등분하여 넣는다
- 부추 대신 미나리, 달래, 시금치, 매생이, 김치, 버섯
  등을 넣어 끓여도 좋다.

만들기

1. 굴은 소금물에 흔들어 씻어 물기를 빼둔다.

2. 블렌더에 충분히 불린 멥쌀과 물 ½컵을 넣고 후루룩 간다.

3. 손질한 부추는 송송 썬다.

4. 냄비에 참기름을 넣고 굴을 넣어 볶다가 굴이 익으면 물을 붓고, 불린 쌀을 넣은 후 처음에는 센불에서, 끓기 시작하면 불을 줄이고 저어가며 끓인다.

5. 죽이 잘 퍼지면 송송 썰어 둔 부추를 넣어 그릇에 담아낸다.

6. 기호에 따라 소금이나 간장을 넣어 먹는다.

영양정보

굴

칼슘이 풍부하고 철분도 함유되어 있어 빈혈에 좋다. 타우린이
많아 콜레스테롤 수치를 내리고 피로회복에 좋다

멥쌀

쌀은 탄수화물 성분이 많이 들어 있어, 체력 증진과 기력 회복에
좋다. 갈증을 없애며, 설사와 배탈을 그치게 하는데 도움이 된다.

전복죽

기력 회복에 좋은 싱싱한 전복을 넣어 향긋하게 끓인 대표적 영양죽.

1. 싱싱한 전복을 솔로 문질러 씻어 숟가락으로 살을 떼어낸 후 저며 썬다(먹을 수 있는 내장 부위는 따로 준비해 둔다).

2. 충분히 불린 멥쌀을 물 ½컵과 함께 블렌더에 넣고 후루룩 간다.

3. 실파는 송송 썰어 둔다.

4. 냄비에 참기름을 두르고 전복과 쌀을 넣어 볶다가 물을 붓고, 불린 쌀을 넣은 후 처음에는 센불에서, 끓기 시작하면 불을 줄여 저어가며 끓인다.

5. 죽이 거의 다 되면 전복 내장을 넣어 조금 더 끓인다.

6. 죽이 잘 어우러졌을 때 송송 썬 실파를 넣고, 그릇에 담아 기호에 따라 소금이나 간장을 넣어 먹는다.

/주재료/
전복(大) 1개
(껍질째 100g)

/부재료/
불린 멥쌀 ½컵
실파 1줄기
물 4컵

/양념/
참기름 1큰술
소금(간장) 약간

명장의 비법

- 물 대신 (대파, 양파, 무, 다시마 등을 넣은) 채소 다시마 육수를 미리 만들어 넣어도 좋다.
- 전복죽을 끓일 때 내장이 들어가야 초록빛 바다 색깔이 제대로 우러난다.
- 전복 내장은 죽의 거의 다 완성되었을 때 넣어야 쓴 맛이 덜하다(선호하지 않으면 넣지 않아도 된다).

영|양|정|보

전복

고단백, 저지방 식품으로 영양이 체내에서 잘 흡수되어 회복기의 환자나 노약자를 위한 건강식에 많이 쓰인다. 전복 내장에는 해초 성분이 농축되어 있어 맛, 향, 영양이 뛰어나다.

멥쌀

쌀은 탄수화물 성분이 많이 들어 있어, 체력 증진과 기력 회복에 좋다. 갈증을 없애며, 설사와 배탈을 그치게 하는데 도움이 된다.

서리태 검은콩죽

영양이 가득한 검은콩을 곱게 갈아 멥쌀과 함께 끓인 고소한 죽.

/주재료/
불린 검은콩(서리태) ½컵

/부재료/
멥쌀 ½컵
물 5컵

/양념/
소금
꿀 약간

명장의 비법

- 콩은 익히는 데 오래 걸리기 때문에 미리 충분히 익혀 조리한다.
- 빠른 시간 안에 조리하려면 시판용 달지 않은 검은콩 두유를 이용하여 검은콩국으로 만들어도 좋다.

만들기

1. 검은콩은 물에 담가 2시간 이상 충분히 불린다.

2. 불린 멥쌀은 물 ½컵을 넣고 블렌더에 후루룩 간다.

3. 충분히 불린 콩은 냄비에 담아 물을 부어 중간 불에서 20분 정도 삶아 블렌더에 물 1컵과 함께 넣고 곱게 간다.

4. 두꺼운 냄비에 준비된 멥쌀과 물을 넣어 끓인다.

5. 처음에는 센불에서, 끓기 시작하면 불을 줄여 저어가며 끓이다가 갈아 놓은 검은콩 국을 넣어 바닥이 눌어붙지 않도록 저어가며 끓인다.

6. 죽이 충분히 잘 퍼지면 그릇에 담고 기호에 따라 소금이나 꿀로 간하여 먹는다.

영양정보

검정콩

시력 증진에 좋고 해독 작용에 도움을 준다. 양질의 단백질, 지질, 비타민 B1, 비타민 B2, 비타민 E 등의 영양소가 들어있다. 탈모 방지와 항산화 효과도 있다.

멥쌀

쌀은 탄수화물 성분이 많이 들어 있어, 체력 증진과 기력 회복에 좋다. 갈증을 없애며, 설사와 배탈을 그치게 하는데 도움이 된다.

김치 콩나물죽

콩나물과 송송 썬 김치, 멥쌀을 넣고 푹 끓여 소화가
잘되며 입맛을 돋우는 죽.

/주재료/
송송 썬 김치 ½컵

/부재료/
불린 멥쌀 ½컵
콩나물 70g (¼봉)
쇠고기 30g
물 4컵

/양념/
참기름 1큰술
소금 약간

명장의 비법

– 소고기 대신 돼지고기, 달걀을 풀어 넣어도 좋다
– 양념으로 인해 자극적이지 않도록 김치 속을 털어내
  는 것이 좋다.

만들기

1. 불린 멥쌀은 물 ½컵을 넣고 블렌더에 후루룩 간다.

2. 김치는 속을 털어내고 가늘게 채썰고, 쇠고기도 곱
   게 채썰어 둔다.

3. 콩나물은 씻어 물을 붓고 뚜껑을 덮어 살짝 익힌다.

4. 냄비에 참기름을 두르고 쇠고기를 넣어 볶다가 익
   힌 콩나물과 불린 쌀을 넣고 물을 부은 후 처음에
   는 센불에서, 끓기 시작하면 불을 줄여 저어가며
   끓인다.

5. 죽이 어우러지면 그릇에 담아 낸다.

영양정보

콩나물

아스파라긴산이 함유되어 있어 알코올 분해를 도와 숙취 해소
에 좋다. 비타민 C, B1, B2와 같은 수용성 비타민이 풍부하게
들어 있는데, 비타민 C는 콩나물이 발아됨에 따라 급격히 증가
한다.

김치

저열량 식품으로 유산균, 비타민, 식이섬유, 무기질도 풍부하게
들어 있어 장이 활발히 움직이도록 도움을 준다. 적당히 발효된
김치의 비타민은 피로 회복에도 좋다

멥쌀

쌀은 탄수화물 성분이 많이 들어 있어, 체력 증진과 기력 회복에
좋다. 갈증을 없애며, 설사와 배탈을 그치게 하는데 도움이 된다.

아스파라거스 스프

향이 좋은 아스파라거스에 우유를 넣어 고소하고 부드럽게 끓인 스프.

/주재료/
아스파라거스 3대

/부재료/
양파 ¼개
감자 50g
우유 1컵

/양념/
버터 ½큰술
밀가루 ½큰술
치킨스톡 또는 물 1컵
소금 약간
후춧가루 약간

명장의 비법

- 우유 대신 생크림을, 물 대신 치킨스톡을 사용해도 된다
- 초록빛 스프를 원할 때는 두릅, 시금치, 녹두, 브로콜리, 완두콩 등을 재료로 만들면 된다.
- 기호에 따라 파마산 치즈 가루를 뿌리면 더 고소하다.

만들기

1. 아스파라거스 2대는 3~4등분 하고, 양파와 감자는 곱게 채썬다.

2. 나머지 아스파라거스 1대는 어슷 썰어 포도씨유에 살짝 볶는다.

3. 두꺼운 냄비에 버터를 넣고 센불로 올려 양파채와 감자채를 넣어 볶다가 연한 갈색이 되면 밀가루를 넣어 가루가 보이지 않도록 충분히 볶는다.

4. 여기에 아스파라거스를 넣고 살짝 볶다가 물을 넣고 푹 끓인 뒤 핸드 블렌더로 곱게 간다.

5. 곱게 간 스프에 우유를 넣고 잘 어우러지게 끓인다.

6. 스프를 그릇에 담은 후 살짝볶아 둔 아스파라거스를 올리고, 기호에 따라 소금과 후춧가루를 뿌려 먹는다.

영양정보

아스파라거스
아스파라긴산과 아스파르트산을 비롯해 비타민 C, B1, B2, 칼슘, 인, 칼륨 등 무기질이 풍부하다. 섬유질이 풍부하여 변비를 예방하고, 지질 함량과 열량이 낮다

단호박 스프

부드럽고 달콤하며 영양이 풍부한 단호박에 우유를 넣어 끓인 크리미한 스프.

1. 단호박은 그릇에 담아 전자렌지에 7분 정도 돌려 익힌 후 속을 파내어 준비한다.

2. 양파는 곱게 채썬다.

3. 두꺼운 냄비에 버터를 넣고 센불에 올려 양파채를 넣어 볶다가 연한 갈색이 되면 밀가루를 넣어 가루가 보이지 않도록 충분히 볶는다.

4. 여기에 준비된 단호박 속을 넣고 살짝 볶다가 물을 넣고 푹 끓인 뒤 핸드 블렌더로 곱게 간다.

5. 곱게 간 스프에 우유를 넣고 잘 어우러지게 끓인다.

6. 스프를 그릇에 담고 기호에 따라 소금과 후춧가루를 뿌려 먹는다

/주재료/
단호박 ⅓개

/부재료/
양파 ¼개
우유 1컵

/양념/
버터 ½큰술
밀가루 ½큰술
물 1컵
소금 약간
후춧가루 약간

명장의 비법

– 단호박은 겉껍질이 딱딱하니 조리시 주의한다. 겉면을 깨끗이 닦은 후 전자렌지에 돌려 껍질이 조금 부드러워지면 등분하여 조리한다.

– 등분하여 남는 재료는 적당한 크기로 썰어 냉동실에 보관하고, 필요할 때 꺼내 쓴다.

– 단호박을 조리한 후 올리브유를 살짝 위에 뿌려서 먹으면 흡수율을 더욱 높일 수 있다.

영|양|정|보

단호박

풍부하게 함유된 비타민 A와 베타카로틴이 노화를 억제하고, 식이섬유가 풍부하여 소화를 돕는다. 단호박의 비타민과 무기질은 항산화 기능을 하여 피부 노화를 방지하고 암 예방에 도움을 준다.

밥요리

영양솥밥

표고, 생률, 대추, 은행, 수삼 등 영양 가득한 재료를 넣어 끓인 솥밥으로 양념장에 비벼 먹는 향이 좋은 별미밥.

/주재료/
불린 멥쌀 1컵

/부재료/
말린 표고버섯 2장
생률 3개
대추 2개
수삼 1뿌리

은행 5알

/밥물/
표고 불린 국물 1½컵

/풋고추 양념장/
간장 3큰술
물 3큰술

고춧가루 ½큰술
다진파 1큰술.
깨소금 1작은술
참기름 1큰술
송송 썬 풋고추
포도씨유

명장의 비법

돌솥밥은 처음 끓을 때까지는 뚜껑을 열어두고, 물이 자작할 때 뚜껑을 덮고 약불에서 뜸을 들이면 눌은밥도 되고, 윤기나는 밥도 된다.

만들기

1. 마른 표고버섯은 미지근한 물에 담가 충분히 불려 기둥을 떼고 물기를 꼭 짜서 등분하여 두고, 표고버섯 불린 물은 버리지 말고 남겨 놓는다.

2. 생률은 굵직하게 썰고 대추는 씨를 발라 굵게 썬다. 수삼은 줄기 부분은 어슷 썰고 뿌리쪽은 그대로 둔다.

3. 풋고추 양념장에 들어가는 풋고추는 송송 썰어둔다.

4. 은행은 뜨겁게 달군 팬에 포도씨유를 두르고 새파랗게 볶아 껍질을 벗긴다.

5. 돌솥에 불린 쌀, 생률, 대추, 수삼을 넣고 표고버섯 불린 물을 합하여 처음에는 센불에서 끓이다가 불을 줄여 약불로 익힌다. 뜸 들일 때 은행을 넣는다.

6. 간장과 나머지 양념을 넣고 송송 썬 풋고추를 넣어 양념장을 만든다.

7. 약불로 뜸들어 솥밥이 다 되면 큰 공기에 담고 양념장을 곁들인다. 솥의 누룽지에 물을 부어 두었다가 눌은밥으로 먹는다.

영양정보

생률 장과 위를 든든하게 하며, 피부 미용, 피로 회복, 감기 예방에 좋고, 면역력을 높인다

대추 당분과 식이 섬유가 소화 기능을 촉진하고 면역력 향상과 변비 해소에 도움이 된다

수삼 몸과 마음의 기를 보하고 기억력을 좋게 하는 대표적 약재로 몸을 따뜻하게 한다

멥쌀 탄수화물 성분이 많이 들어 있어 체력 증진, 기력 회복에 좋다

버섯덮밥

영양이 많은 버섯들을 굴소스에 볶아내어 고슬한 밥과
함께 먹는 감칠맛 나는 영양덮밥.

/주재료/
새송이 버섯 1개
생표고 1개
목이 버섯 5g
팽이버섯 ¼봉

/부재료/
밥 1공기
청경채 30g
양파 25g
대파 ⅓대
마늘 1톨

/양념/
굴소스 1큰술
전분물
(전분 ½큰술. 물 ½큰술)
포도씨 유
소금. 후춧가루 약간

명장의 비법

– 버섯은 어떤 종류의 버섯(만가닥 버섯, 느타리 버섯,
  양송이)이어도 상관없다.
– 마른 목이버섯일 경우는 미지근한 물에 충분히 불려
  사용한다.
– 버섯의 물기를 선호하지 않는다면 버섯들을 가닥가닥
  뜯어 에어프라이어에 돌려 조리하여 사용해도 된다.

만들기

1. 생표고는 두께가 두꺼우면 포를 떠서 얇게 채썬다.
   새송이는 길게 모양대로 자르는데, 길이가 길면 반
   으로 자르고 폭도 반으로 자른다(미니 새송이는 길
   이대로만 자른다).

2. 팽이버섯은 밑둥을 자르고 결결이 뜯어 반으로 자
   르고, 목이버섯은 굵게 뜯어 놓는다.

3. 양파는 채썰고, 청경채는 한 잎 한 잎 뜯어 반으로
   자른다. 대파는 곱게 채썰고, 마늘은 편으로 썬다.

4. 팬을 달구어 포도씨유를 넣고 대파채, 마늘 편을
   넣고 향을 내다가 양파, 표고버섯, 새송이를 넣고
   굴소스를 넣어 볶는다. 청경채와 팽이버섯은 마지
   막에 넣는다.

5. 버섯 볶음에 전분물을 풀어 버섯이 잘 어우러지도
   록 농도를 맞춘다. 부족한 간은 소금으로 더한다.

6. 큰 그릇에 고슬한 밥을 한쪽에 담고 버섯볶음을 곁
   들여 덮밥으로 낸다.

영양정보

버섯

풍미가 좋고 고단백, 저칼로리 식품이면서 식이섬유, 비타민,
철 등 무기질이 풍부한 건강식품으로 섬유질도 풍부하다.

연어덮밥

불포화지방산이 풍부한 슈퍼 푸드 연어. 간장레몬소스
와 함께 먹는 입맛을 돋우는 덮밥.

1. 연어는 길게 슬라이스 된 것으로 준비하고, 밥은
   고슬하게 지어 놓는다.

2. 무순은 체에 담아 씻어 물기를 뺀다.

3. 양파는 고운 채로 썰어 반은 물에 담가 매운맛을
   뺀다.

4. 덮밥에 뿌려먹는 간장소스는 모든 재료를 합하여
   살짝 끓여 식힌다.

5. 큰 공기에 고슬한 밥을 담고, 연어와 매운맛을 빼
   놓은 양파채, 무순을 곁들여 담아낸다.

6. 와사비를 곁들이고, 미리 만들어 둔 간장레몬소스
   를 뿌린 후 잘 비벼 먹는다.

/주재료/
생연어 200g

/부재료/
밥 1공기
곁들임 양파 ¼개
무순 3g

/간장레몬소스/
간장 2큰술
물 6큰술
미향 1큰술
올리고당 2큰술
매실청 1큰술
양파채 ¼개분
레몬 슬라이스
고추냉이(와사비)

영양정보

연어

연어는 소화, 흡수가 잘 되므로 어린이, 노약자, 환자에게도 좋
다. 연어의 지방에는 동맥경화나 혈전을 예방하는 EPA와 뇌의
활동을 좋게 하는 DHA가 함유되어 있다.

명장의 비법

생연어 대신 싱싱한 다른 횟감(광어, 우럭, 도미, 송어
등)을 넣어 먹어도 된다.

밥 요리

콜리플라워 볶음밥

풍부한 비타민과 식이섬유를 가진 영양만점 콜리플라워를 깔끔하게 볶아낸 건강식 볶음밥.

/주재료/
콜리 플라워 200g

/부재료/
냉동새우(小) 50g
당근 10g
빨간 파프리카 20g
실파 1줄기
대파 ½대
달걀 1개

/양념/
포도씨유 1큰술
소금 약간
후춧가루 약간

명장의 비법

- 콜리플라워 라이스 냉동제품은 오일 없이 수분을 날리고 볶아준다.
- 콜리플라워는 떫은 맛이 강하므로 데쳐서 사용한다.
- 스튜나 카레, 피클용으로 사용해도 좋다.
- 팬에 볶을 때 간장을 조금 넣어 풍미를 올리고 색을 낼 수도 있다.

만들기

1. 콜리플라워는 겉잎을 제거한 후 깨끗하게 씻어 식초물에 잠깐 담가 소독한다. 흐르는 물에 씻어 물기를 닦고 등분하여 곱게 다진다.

2. 대파는 송송 곱게 썰고 파프리카와 당근은 곱게 다진다. 실파는 송송 썰어둔다.

3. 냉동새우는 찬물에 담가 해동하고, 달걀은 잘 풀어둔다.

4. 팬에 포도씨유를 두르고, 풀어 놓은 달걀을 넣어 스크램블처럼 익혀 접시에 덜어 놓는다.

5. 팬을 뜨겁게 달구어 포도씨유를 넣고 대파로 향을 내어 당근을 볶다가 콜리플라워 다진 것과 새우, 파프리카를 넣고 소금으로 간하여 고슬하게 볶아낸다. 불을 끄고 송송 썬 실파를 섞어 그릇에 담아낸다.

영양정보

콜리플라워

꽃양배추라고도 불리며, 비타민 C와 식이섬유 등이 풍부하여 피부 미용, 체내 면역력 강화, 활력 증진, 항암 효과가 뛰어난 슈퍼 푸드 중 하나다.

훈제오리 쌈밥

참나무향이 좋은 훈제오리와 섬유질이 풍부한 쌈에 잣 쌈장을 곁들여 고소하게 먹을 수 있는 영양 쌈밥.

만들기

1. 모듬쌈은 깨끗이 씻어 물기를 빼두고, 오이는 막대 모양으로 잘라둔다.

2. 양배추는 데쳐 준비하고 오이는 막대모양으로 굵게 썬다.

3. 고추장과 나머지는 재료를 합하여 코팅팬에서 볶다가 거의 졸아지면 잣을 넣어 조금더 볶아서 쌈장을 만든다.

4. 부추는 3cm 정도의 길이로 잘라 간장과 고춧가루를 넣어 젓가락으로 살짝 버무린다.

5. 훈제오리는 프라잉팬에 구워 준비하고 따뜻한 보리밥도 준비한다.

6. 쌈에 훈제오리, 보리밥, 잣쌈장을 넣어 싸 먹는다. 오이 썬 것과 부추무침을 곁들인다.

/주재료/
훈제오리 200g

/부재료/
보리밥 1공기
모듬쌈(상추. 깻잎. 양배추)
풋고추 1개

오이 ¼개
영양부추 30g
잣 1큰술

/양념/
잣쌈장 양념
고추장 2큰술
된장 1큰술

물 3큰술
다진파 1큰술
다진마늘 1큰술
꿀 1큰술
참기름 1큰술
영양부추 무침
간장 약간
고춧가루 약간

명장의 비법

- 훈제오리 대신 생선구이, 고기구이 등을 넣어 먹어도 좋다.
- 호박잎, 근대, 곰취, 묵은지 씻은 것에 보리밥과 쌈장을 넣고 작은 사이즈로 돌돌 말아 먹어도 좋다.

영양정보

훈제오리
오리는 콜라겐 성분이 있어 피부 미용과 노화 방지에 효과적이다. 단백질이 풍부하고 지방 함량이 적어 체중조절에 도움이 된다.

모듬쌈
포만감이 쉽게 느껴지고, 식이섬유가 많아 장운동을 활발히 하여 혈액 순환, 해독 작용, 변비 개선에 도움이 된다

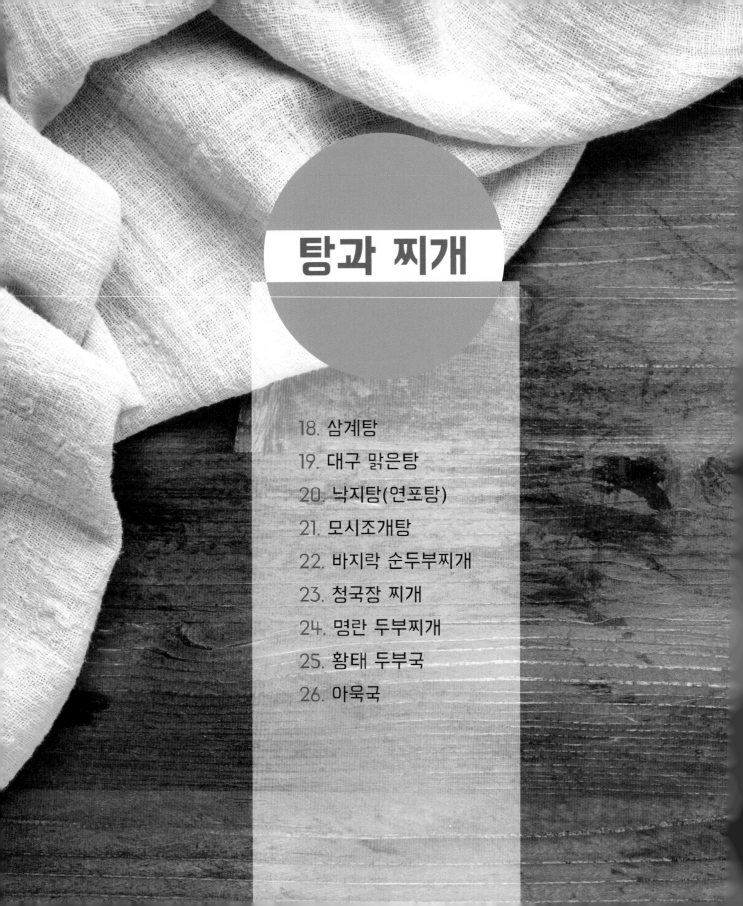

탕과 찌개

삼계탕

어린 닭에 수삼 등의 보양 재료를 넣어 푹 끓여 기력을 보충해 주는 보양식.

/주재료/
닭 1마리 작은 것

/부재료/
불린 찹쌀 ½컵

수삼 1뿌리
마늘 2쪽
밤 2개
건대추 2개
물 7컵
실파 1대

/양념/
소금 약간
후춧가루 약간

만들기

1. 닭은 내장을 제거하고 꽁지 부분의 노란 기름 덩이를 제거한 후 깨끗이 씻어 낸다.

2. 찹쌀은 깨끗이 씻어 물에 충분히 불린 뒤 물기를 뺀다.

3. 수삼, 마늘, 생밤, 대추는 씻어 준비하고 실파는 송송 썰어 둔다.

4. 닭 뱃속에 불린 찹쌀과 수삼, 마늘, 밤, 대추를 넣고 두 다리를 모아 속재료가 쏟아지지 않게 실로 묶어 냄비에 담아 물을 넣고 끓인다.

5. 펄펄 끓어오르면 불을 약하게 줄인 후 거품을 걷어 내고 30분 동안 더 끓인다.

6. 닭이 충분이 익으면 큰 대접에 담아 따뜻한 국물을 붓고, 송송 썬 파와 소금, 후춧가루를 함께 낸다.

명장의 비법

- 닭이 크면 절반을 잘라 사용하며, 뼈있는 닭다리만을 이용하여 끓이도록 한다.
- 보양식으로 먹을 때는 전복 같은 재료를 함께 넣기도 한다.

영양정보

닭
필수 아미노산이 풍부하고 기력에 좋은 닭은 전통적인 보양음식이다. 닭고기가 맛있는 것은 글루탐산 때문이며, 아미노산과 핵산 성분이 들어 있어 산뜻한 맛을 낸다.

수삼
몸과 마음의 기를 보하고 기억력을 좋게 하는 대표적 약재로 몸을 따뜻하게 한다.

대구 맑은탕

담백한 대구와 채소를 새콤한 폰즈 소스에 찍어 먹는 시원하고 깨끗한 맛의 생선 맑은탕.

/주재료/
대구 1마리

/부재료/
무 100g
풋고추 1개
홍고추 ⅓개
두부 ¼모(70g)

미나리 5g
쑥갓 3g
팽이버섯 5g
대파 ⅓대
실파 1줄기(폰즈용)

/양념/
다시팩 1개
물 4컵

청주, 소금 약간

/찍어먹는 장(폰즈)/
간장 1큰술
식초 1큰술
물 2큰술
레몬즙 1작은술
실파 1작은술
무 갈은 것 ½작은술

명장의 비법

– 다시팩이 없으면 멸치국물(국물 멸치 7개, 물 5컵, 다시마 7×7cm 1개)을 내어 사용한다.

– 멸치장국은 국물 멸치의 머리와 내장을 떼어내고 냄비에 마른 채로 볶아 물을 붓고, 다시마와 청주를 넣고 15분만 끓여 체에 걸러 국물만 받아 만든다.

– 생선의 비린 맛을 없애기 위해서 청주를 넣고 뚜껑을 열고 끓이면 좋다.

– 냉동 생선으로 끓일 때는 찬물에 얼음기를 풀어야 부드러운 생선 맛을 낼 수 있고, 15분 정도 끓여야 생선살이 단단하지 않고 맛있다.

– 기호에 따라 얼큰하게 먹으려면 청양고추나 고춧가루를 더하여 끓인다.

만들기

1. 싱싱한 대구는 비늘을 긁고 내장을 빼서 흐르는 물에 잘 씻어 먹기 좋은 크기로 토막내고, 내장인 이리와 고니는 소금물에 흔들어 씻어 건져 둔다.

2. 다시팩은 물 4컵을 부어 잘 우러나도록 3컵 정도로 끓여 놓는다.

3. 무는 나박나박 썰고, 두부는 0.8cm 정도의 먹기 좋은 두께로 썬다. 풋고추와 홍고추, 대파는 어슷 썰고 실파는 송송 썰어 물에 잠시 담가 매운맛을 뺀다. 미나리는 잎을 떼고 3~4cm 정도의 길이로, 팽이버섯은 기둥을 잘라둔다.

4. 폰즈는 간장과 식초, 나머지 재료를 넣어 만든다. 무는 작은 강판에 갈아 물기가 저절로 빠지도록 두고, 실파는 물기가 없도록 꽉 짠다.

5. 준비된 무와 대구, 내장을 넣고 다시국물을 부어 무가 익을 때까지 끓인다. 여기에 고추, 미나리, 팽이버섯, 두부, 대파를 넣고 잠시 더 끓여 소금으로 간한다. 마지막으로 쑥갓을 얹어 낸다.

6. 그릇에 덜어 담고 생선살과 채소는 폰즈에 찍어 먹는다.

영양정보

대구

타우린이 풍부한 고단백 저칼로리 식품으로 비타민도 풍부하다. 소화를 촉진하고 혈액 순환, 피로회복과 간 건강에 좋다.

낙지탕(연포탕)

싱싱하고 연한 세발낙지에 비타민 D를 함유한 표고버섯을 함께 넣어 끓인 맑은 낙지탕.

1. 싱싱한 낙지는 먹물을 터트리지 않고, 소금으로 주물러 깨끗이 씻는다.

2. 다시팩은 물 4컵을 부어 잘 우러나도록 3컵 정도로 끓여 놓는다.

3. 무는 얇게 나박나박 썰고, 마늘은 편으로 썬다. 생 표고버섯은 두꺼우면 포를 떠서 채썬다.

4. 청경채, 미나리, 실파는 3cm 길이로 자른다. 홍고추는 반을 갈라 채썰고, 싱상한 쑥갓은 손으로 짧게 잘라 둔다.

5. 다시팩 국물에 무와 표고버섯, 마늘편을 넣고 끓으면 낙지, 청경채, 미나리, 실파, 고추를 넣고 살짝 끓여 소금으로 간한다.

6. 불을 끄고 쑥갓을 넣어 그릇에 담아낸다. 연하게 익은 낙지는 가위로 잘라 채소와 함께 먹는다.

/주재료/
싱싱한 세발 낙지 5마리
(=일반 낙지 1마리)

/부재료/
무 50g

생표고버섯 2개
청경채 50g
홍고추 ¼개
마늘 1톨
미나리 5g
실파 1줄기
쑥갓 3g

/양념/
다시팩 1팩
물 4컵
소금 약간

명장의 비법

- 세발 낙지를 구하기 어려우면 일반 낙지나 냉동낙지를 사용해도 좋다.
- 배추, 박, 조개, 홍합을 추가하여 연포탕으로 끓여도 된다.

낙지

고단백, 저지방 식품으로 다이어트에 좋으며, 타우린과 무기질, 아미노산이 들어 있어 조혈, 강장효과가 있고, 원기 회복에 좋다.

모시조개탕

감칠맛 나는 조개를 잘 해감하여 시원하게 끓인 맑은 조개탕.

/주재료/
모시조개 15개

/부재료/
부추 10g
팽이버섯 5g
마늘 1쪽
홍고추 ¼개
물 3컵

/양념/
청주 약간
소금 약간

명장의 비법

– 어두운 곳에서 해감을 잘하여 모래가 씹히지 않도록 주의한다.
– 국물이 탁하면 깨끗한 면보에 걸러낸다.

만들기

1. 모시조개를 문질러 씻어 옅은 소금물에 담가 어두운 곳에서 해감한다.

2. 부추와 팽이버섯은 3cm 길이로 썰고, 고추는 반을 갈라 어슷하게 썰고, 마늘은 얇게 저민다.

3. 손질한 모시조개에 물을 부어 끓여 입이 벌어지면 청주를 넣고 거품을 건져낸 후 조개도 건져낸다. 국물은 모래를 가라앉힌 뒤 맑은 물만 따라둔다.

4. 걸러 낸 조개 국물에 마늘편, 홍고추를 넣고 끓이다가 소금으로 간한다.

5. 끓는 국물에 건져둔 조개와 부추, 팽이버섯을 넣고 살짝 끓여 그릇에 담아낸다.

영양정보

모시조개

칼로리와 지방 함량이 낮다. 함유하고 있는 타우린은 아미노산의 일종으로 콜레스테롤 수치를 낮추고 혈압 조절에 도움을 준다.

바지락 순두부

싱싱한 바지락과 영양이 풍부한 순두부를 넣고 하얗고
부드럽게 끓인 고단백 순두부찌개.

/주재료/
순두부 ½봉 (170g)

/부재료/
바지락 200g(껍데기 포함)

팽이버섯 5g
실파 2줄기
달걀 1개

/양념/
청주 약간

/달래 양념장/
간장 3큰술
물 3큰술
고춧가루 ½큰술
다진파 1큰술
깨소금 1작은술
참기름 1큰술
달래 50g

명장의 비법

- 조개 대신 돼지고기를 식용유에 볶다가 다진 마늘, 생
  강즙 약간, 고춧가루를 넣어 매콤하게 끓여도 된다.
- 순두부찌개를 끓인 다음 계란을 풀어 넣고 익혀서 먹
  어도 좋다.
- 순두부 대신 연두부를 이용해도 좋다

만들기

1. 바지락을 바락바락 문질러 씻은 후 옅은 소금물에
   담가 어두운 곳에서 해감한다.

2. 순두부는 체에 쏟아 크게 등분하여 물기를 빼둔다.

3. 팽이 버섯은 잘게 찢어 3cm 길이로 자르고, 실파
   도 팽이와 비슷한 길이로 자른다. 달래는 송송 썰
   어 두고, 달걀은 자그마한 그릇에 노른자가 터지지
   않게 깨어둔다.

4. 달래 양념장은 간장과 나머지 양념을 넣고 송송 썬
   달래를 넣어 만든다.

5. 손질한 바지락에 물을 부어 끓인 후 입이 벌어지면
   청주를 넣고 거품을 건져내고 바지락도 건져낸다.
   국물은 모래를 가라앉힌 뒤 맑은 물만 따라둔다.

6. 걸러낸 바지락 국물에 순두부를 넣고 끓이다가 실
   파, 팽이버섯, 달걀을 넣어 살짝 끓인다.

7. 그릇에 담아내어 달래장을 곁들인다.

영양정보

순두부

영양소가 풍부한 콩으로 만들어 소화가 쉬운 영양식품으로 피
부 건강에도 좋다.

바지락

지방과 열량이 적고, 단백질이 풍부하며 타우린이 들어 있어 피
로 회복, 항산화 작용 , 면역력 증강에 효과가 있다.

청국장 찌개

면역력 향상에 좋은 발효식품인 청국장에 소고기와 김치 등 풍성한 건더기를 넣어 끓인 영양 만점 찌개.

/주재료/
청국장 ½컵 (60g)

/부재료/
쇠고기 30g
표고버섯 1개

배추김치 50g
두부 ¼모 (70g)
풋고추 1개
홍고추 ¼개
대파 ⅓대
물(쌀뜨물 or 표고
버섯 불린 물) 2컵

/양념/
다진마늘 1작은술
고춧가루 1작은술
소금 약간

만들기

1. 냄비에 잘게 썬 쇠고기를 넣고 물을 넣어 장국을 끓인다.

2. 마른 표고버섯은 불려 기둥을 떼고 1cm 정도로 썬다.

3. 두부는 1cm 두께로 정사각 모양으로 썰고, 배추김치는 소를 털고 1cm 폭으로 썬다. 고추, 대파는 작게 어슷어슷 썬다.

4. 끓는 장국에 김치와 표고버섯을 넣고 끓으면 두부와 다진마늘, 고추, 어슷썬 파, 고춧가루를 넣고 끓인다.

5. 충분히 끓었으면 마지막으로 청국장을 넣어 약간 되직하게 끓인다.

6. 부족한 간은 소금으로 간하여 그릇에 담아낸다.

명장의 비법

- 무, 양파, 호박을 많이 넣고 약간 되직하게 끓이면 또 다른 별미이다.
- 소고기 대신 기호에 따라 돼지고기, 우렁이 등을 넣어 조리해도 된다.

영양정보

청국장

유익한 미생물이 장까지 살아서 내려가 변비를 없애고 장의 활동을 돕는다. 비타민 B2가 많아 간의 해독 기능을 좋게 하고 면역력을 높이며 암 예방에도 효과가 있다. 청국장의 납두균은 식품의 흡수율를 높이고 콜레스테롤을 분해하는 데 도움을 준다.

명란 두부찌개

고소한 명란과 영양 많은 두부를 넣고 젓국으로 살짝 끓여낸 입맛 돋는 맑은 찌개.

/주재료/
명란젓 60g

/부재료/
두부 ¼모 (70g)
실파 1줄기
다홍고추 ¼개
마늘 1톨

/양념/
새우젓국 ½작은술
참기름 ⅓작은술
소금 약간

명장의 비법

맑은 새우젓 찌개는 소금이나 새우젓으로 간을 맞추며, 오래 끓이지 않아야 국물 색깔이 탁해지지 않는다.

만들기

1. 두부는 사방 1.5cm 정도의 네모로 썰고, 다홍고추는 씨를 털어 내고 채썬다.

2. 마늘은 편으로 썰고, 실파는 4cm 길이로 썬다.

3. 명란젓은 작으면 그대로, 크면 등분한다.

4. 냄비에 물을 끓이다가 새우젓, 마늘편을 넣는다. 물이 끓으면 두부를 넣고 명란젓과 고추를 넣어 조금 더 끓인다.

5. 명란젓이 익어 떠오르면 실파를 넣고 불을 끄고 참기름을 살짝 넣는다. 싱거우면 소금으로 간한다.

영양정보

명란

명태의 알 명란은 단백질과 피로 회복에 좋은 비타민 E가 풍부하고, 비타민 A, 비타민 B군도 많이 함유하고 있다.

두부

우수한 단백질과 칼슘이 많이 함유하고 있고, 소화가 쉬운 영양 식품으로 피부 건강에도 좋다.

황태 두부국

간을 보호해 주는 황태와 영양 좋은 두부를 넣어 만든
시원한 국.

1. 다시팩은 물 3컵을 부어 잘 우러나도록 2컵 정도
   가 될 때까지 끓여 놓는다.

2. 황태포는 물에 담갔다가 건져 꼭 짜서 잘게 썬다.

3. 두부는 3cm 굵기로 썰고, 무는 채썬다. 대파와 고
   추는 어슷 썬다.

4. 황태와 무를 냄비에 넣고 끓여 놓은 장국을 부어
   끓이다가 청주를 약간 넣는다.

5. 불을 약하게 줄여 무가 익으면 소금으로 간하고 대
   파와 고추를 넣고 달걀을 풀어 넣는다.

6. 불을 끄고 기호에 따라 후춧가루를 뿌리고 그릇에
   담아낸다.

/주재료/
황태포 40g

/부재료/
두부 ¼모 (70g)

무 30g
달걀 1개
대파 ⅓대
다홍고추 ¼개
다시팩 1개
물 3컵

/양념/
다진마늘 ½작은술
청주 약간
소금 약간
후춧가루 약간

명장의 비법

– 다시팩이 없으면 멸치국물(국물멸치 7개, 물 5컵, 다시
  마 7×7cm 1개)을 내어 사용한다.
– 국물멸치에 머리와 내장을 떼고 냄비에 마른 채로 볶
  은 후, 물을 붓고 다시마와 청주를 넣고 15분만 끓여
  체에 걸러 멸치국물을 받아 멸치장국을 만든다.

영양정보

황태

단백질이 풍부하며 고단백, 저지방 식품으로 영양가가 높아 나
이 드신 분들에게 좋다. 특히 간을 보호해 주는 메치오닌 등 아
미노산이 풍부해 과음 후 숙취 해소에도 좋다
명태를 말린 것을 북어라고 하고, 덕장에서 노르스름하게 잘 말
려진 북어를 황태라고 한다.

아욱국

아욱에 쌀뜨물과 된장, 고추장을 풀어 마른새우를 넣고 끓인 영양 많은 구수한 토장국.

/주재료/
아욱 ¼단(100g)

/부재료/
마른새우 ¼컵
대파 ⅓대
물(쌀뜨물) 3컵

/양념/
된장 1큰술
고추장 ⅓큰술
고춧가루 1작은술
다진마늘 1작은술
소금

명장의 비법

- 아욱 껍질을 벗길 때는 줄기를 꺾으면서 잡아 당겨 투명한 실 같은 것을 벗겨내면 된다
- 마른 새우는 기름을 두르지 않은 팬에 볶아 마른 면보에 싸서 가볍게 비빈 뒤 체에 쳐서 가루를 털어낸 후국물을 끓이면 더 구수한 맛이 난다.

만들기

1. 아욱은 줄기가 억세지 않은 것으로 준비하되, 연한 것은 그대로 쓰고 조금 큰 것은 껍질을 벗겨 볼에 담아 힘껏 으깨어 씻은 뒤 찬물에 헹궈 짧게 자른다.

2. 대파는 어슷썬다.

3. 물 3컵에 마른새우를 넣고 맛이 우러날 때까지 10분 정도 끓인 후, 물이 끓어오르면 된장, 고추장을 넣고 잘 푼 뒤 손질한 아욱을 넣고 끓인다.

4. 한소끔 끓으면 고춧가루, 다진 마늘, 어슷 썬 대파를 넣은 후 싱거우면 소금으로 간한다.

영양정보

아욱

채소 중 영양가가 높은 편으로 칼슘이 풍부하고 섬유질과 비타민이 들어 있어 변비 예방과 해독 작용에 좋다.

마른 새우

타우린, 키토산, 아미노산이 들어있고 피로회복과 빈혈 예방에 좋다.

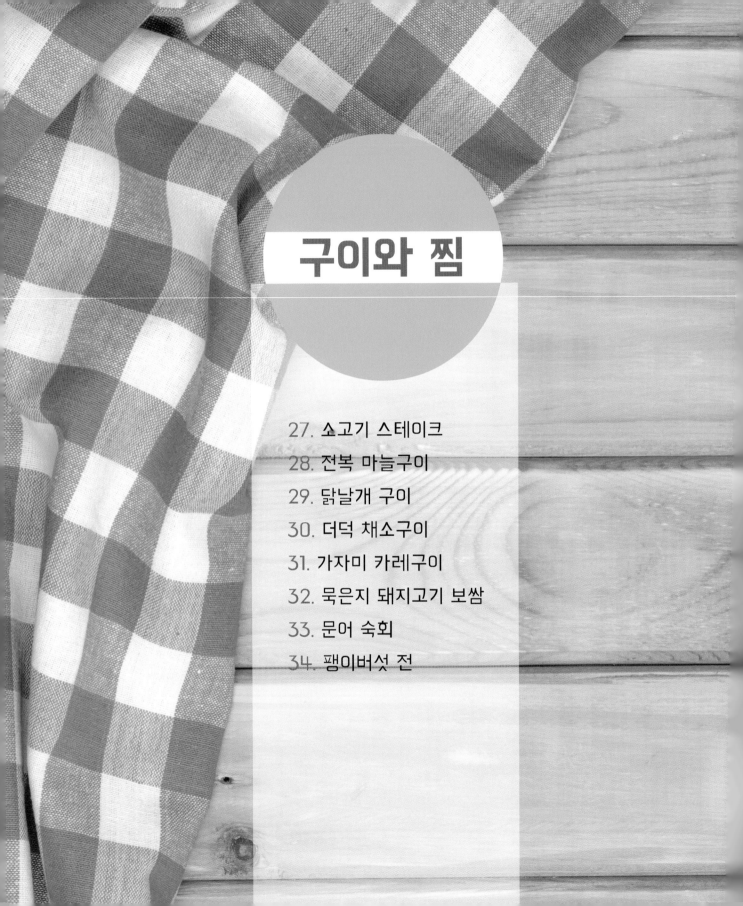

구이와 찜

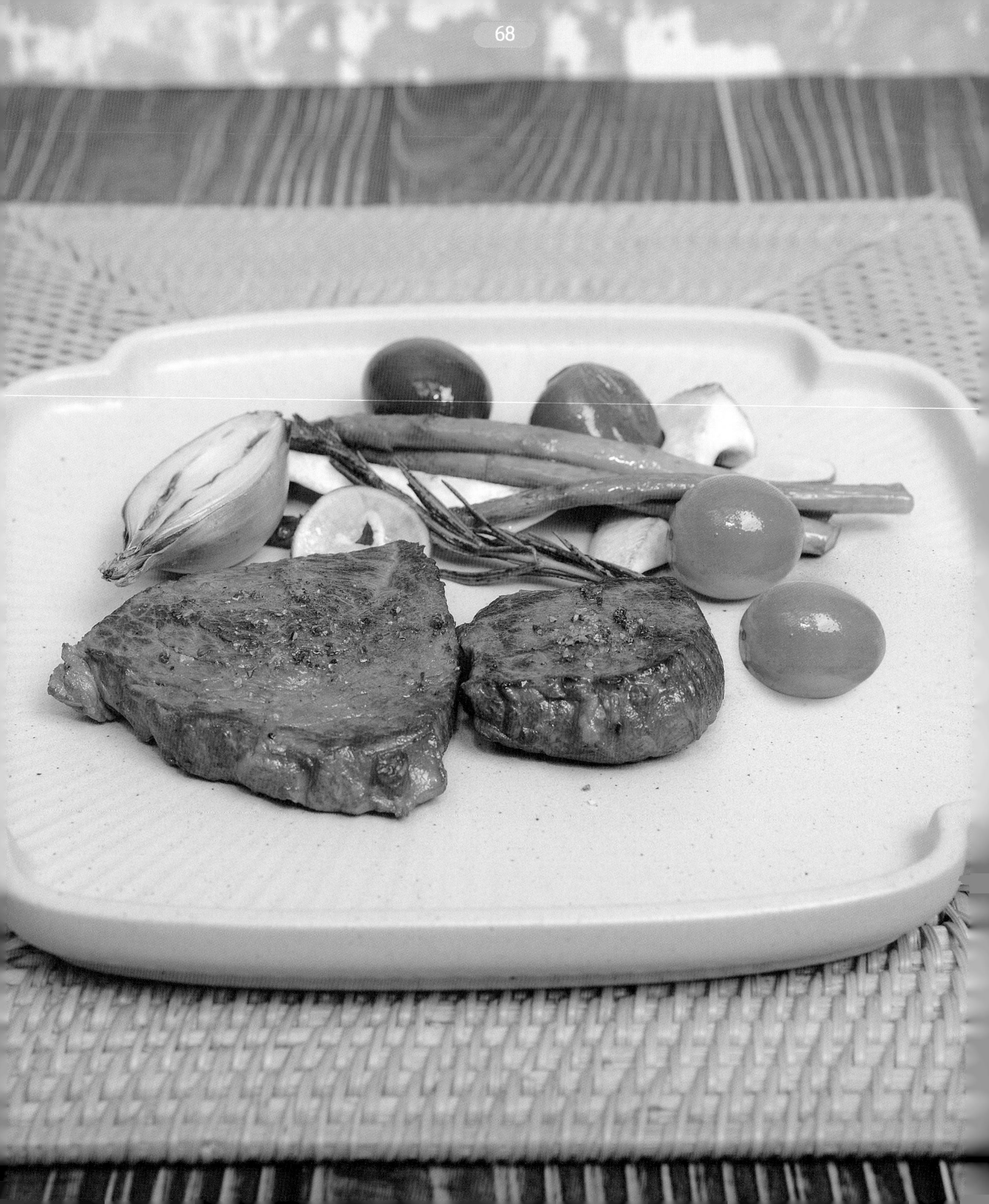

소고기 스테이크

신선한 소고기를 마리네이드하여 알맞은 상태로 구워 먹는 영양가 있는 메인 요리.

/주재료/
소고기 스테이크 용 200g
(등심. 안심. 채끝살. 꽃등심)

/부재료/
로즈마리 (허브) or
스테이크 시즈닝
가니쉬 (Garnish)
방울 토마토 3개
아스파라거스 1개
양파 20g
버섯 10g

/양념/
올리브유 3큰술
소금 약간
후춧가루 약간

명장의 비법

- 겉만 노릇하게 익혀 썰었을 때 피가 흐르게 익힌 정도를 레어(rare)라고 하고, 겉은 익었으나 속에 약간 붉은색이 남아 있는 정도를 미디엄(medium), 그리고 속까지 잘 익힌 것을 웰던(welldone)이라 한다.
- 팬에서 스테이크를 꺼내기 전 버터를 약간 넣으면 고소한 풍미를 느낄수 있다

만들기

1. 신선한 스테이크용 고기에 소금, 후춧가루를 약간 뿌리고 , 로즈마리와 올리브유에 밑간(마리네이드*)하여 잠시 실온에 둔다.

2. 방울 토마토, 아스파라거스, 양파, 버섯은 팬을 뜨겁게 달구어 올리브유를 살짝 넣고 노릇하게 굽는다.

3. 팬을 뜨겁게 달군 후 올리브유를 넣고 스테이크용 고기를 올려 겉면으로부터 육즙이 빠져 나오지 않도록 앞뒤로 바삭하게 구운 후 불을 줄여 기호에 맞추어 익혀 먹는다.

4. 알맞게 구워진 스테이크는 따뜻하게 데워놓은 그릇에 담고 가니쉬를 곁들인다.

* **마리네이드 (marinade)** : 고기나 생선을 조리하기 전, 맛을 들이거나 부드럽게 하기 위해 허브와 오일에 재워두는 것.

영양정보

소고기
양질의 단백질이 풍부하여 성장발육 촉진, 회복기 환자, 노인 보양에 좋은 고단백 영양식품으로 육즙의 감칠맛이 좋다.

올리브유
불포화지방산으로 구성되어 있어 항산화 작용, 면역기능 증강, 항균 작용을 하여 피부 미용과 건강에 좋다.

전복 마늘구이

바다 향이 가득한 전복을 마늘과 함께 깔끔하게 볶아
낸 기력 보충의 대표 보양식.

– 버터와 치즈를 넣어 고소한 풍미를 더해도 좋다.

/주재료/
전복(大) 2개(껍질째 200g)

/부재료/
마늘 7톨

/양념/
포도씨유 1큰술
참기름 ½큰술
소금 약간
파슬리 가루 약간
파마산 치즈가루 약간

만들기

1. 싱싱한 전복은 솔로 문질러 씻어 숟가락으로 살을
   떼어 칼집을 넣어 저며 썬다.

2. 마늘은 편으로 썰거나 통으로 준비한다.

3. 팬을 달구어 포도씨유를 넣고 준비된 마늘을 넣어
   충분히 익히고, 저며 썰은 전복을 넣어 살짝 볶아
   낸다. 간은 소금으로 한다.

4. 참기름을 넣고 그릇에 담아 파슬리 가루와 치즈가
   루를 뿌려낸다.

영양정보

전복

고단백, 저지방 식품으로 영양이 체내에서 잘 흡수되기 때문에
회복기의 환자나 노약자를 위한 건강식으로 많이 쓰인다. 전복
내장에는 해초 성분이 농축되어 있어 맛, 향, 영양이 뛰어나다.

마늘

마늘의 강한 향이 비린내를 없애고 음식의 맛을 좋게 하며 식욕
증진 효과가 있다. 비타민, 칼슘 , 철, 인, 아연, 셀레늄, 알리신
등 다양한 영양소가 함유되어 있다. 알리신은 살균, 항균 작용
을 하고 소화를 돕고 면역력도 높이며, 콜레스테롤 수치를 낮춘
다. 피로 회복, 정력 증강에 도움을 준다.

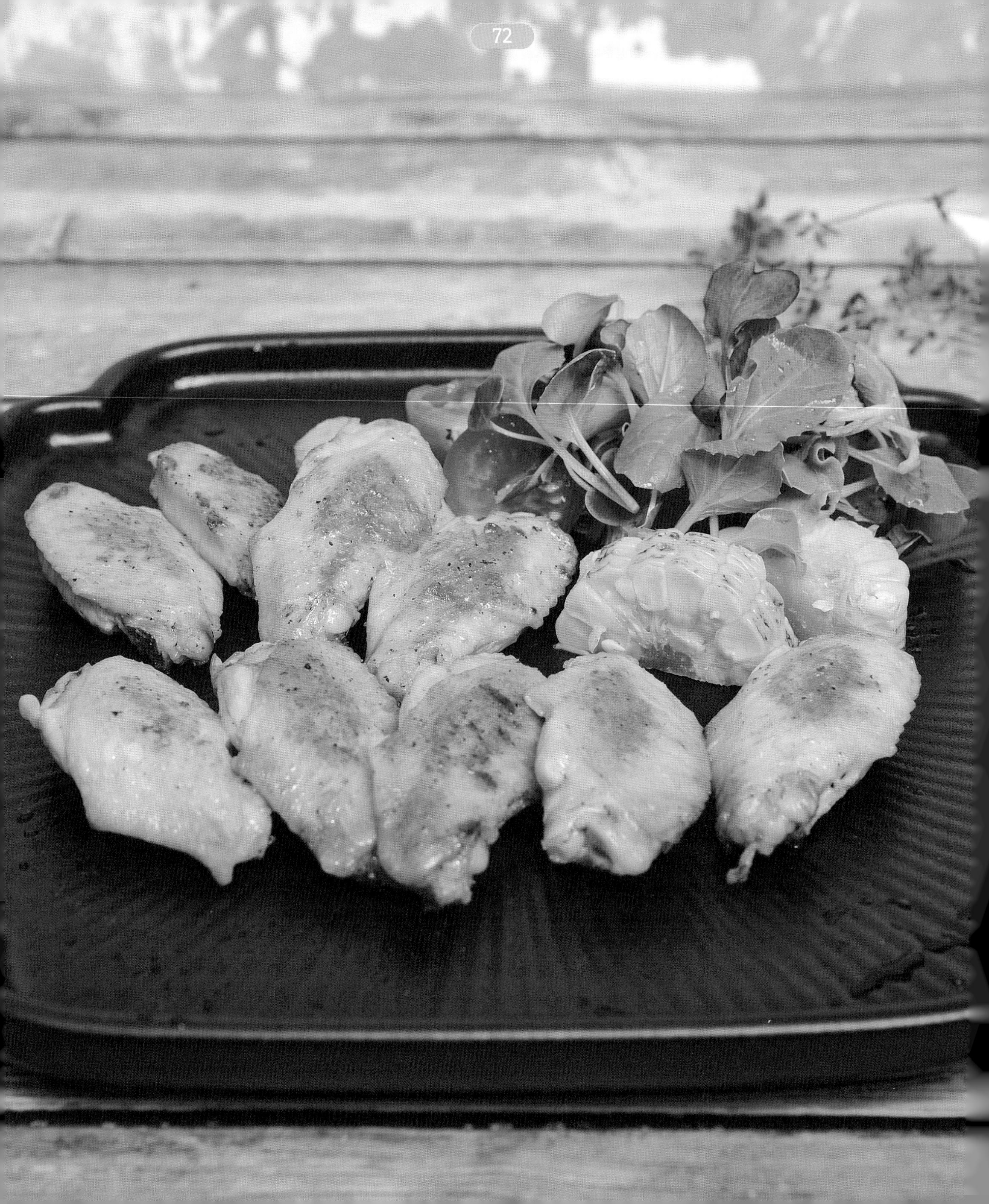

닭날개 구이

콜라겐이 풍부한 닭날개를 밑간만 하여 깔끔하게 구운 영양이 풍부한 닭날개 구이.

/주재료/
닭날개(윙) 10조각

/부재료/
곁들임 : 어린잎 채소 10g

/양념/
청주 ½큰술
소금 약간
(백)후춧가루 약간
포도씨유 5큰술

명장의 비법

- 밀가루에 카레가루 조금, 고춧가루를 조금 넣어 만든 겉옷을 입혀서 조리해도 별미이다.
- 윙 대신 닭봉을 재료로 하여 에어 프라이어에 바삭하게 구워도 된다.

만들기

1. 신선한 닭날개는 흐르는 물에 씻어 키친타올로 물기를 거둔다.

2. 소금과 후춧가루로 밑간을 한 후 청주를 약간을 넣어 재운다.

3. 팬을 달구어 포도씨유를 넉넉히 두르고 닭날개를 앞뒤로 노릇이 지져낸다.

4. 따뜻할 때 어린잎 채소와 곁들여 먹는다.

영양정보

닭날개

껍질의 비율이 높아서 콜라겐이 풍부해 고소한 맛이 진하다. 비타민 A가 풍부한 날개살은 다즙성인데, 풍미가 좋고 영양가 높은 젤라틴 성분이 많다.

더덕 채소구이

향기로운 더덕을 두드려 고추장 양념을 발라 구운 음식으로 쌉사름한 맛이 좋다. 구운 애호박과 구운 가지도 곁들인다.

/주재료/
(깐)더덕 100g

/부재료/
가지 20g

애호박 20g
실파 1줄기

/양념/
더덕 하얀(유장) 양념
간장 1작은술
참기름 1큰술

더덕 고추장 양념
고추장 1큰술
고춧가루 1작은술
물 1큰술
다진파 1큰술
설탕 1작은술
참기름 약간
깨소금 약간
포도씨유 1큰술

명장의 비법

- 껍질 더덕은 씻어서 칼로 돌려가며 껍질을 벗긴다.
- 가지의 아린 맛을 선호하지 않으면 소금물에 살짝 담근다.
- 프라이팬 대신 석쇠를 이용해 앞뒤로 뒤집어 가며 구워내면 불맛을 느낄 수 있다.

만들기

1. 깐 더덕을 통째로 두들기거나 편으로 길게 썰어 두들겨 준비하고, 실파는 송송 썬다.

2. 간장과 참기름을 합하여 유장을 만들어 더덕을 재워 둔다.

3. 고추장 양념은 고추장에 나머지 양념을 더하여 미리 만들어 둔다.

4. 가지와 애호박은 동그란 모양대로 0.5cm 정도 두께로 썰어 소금을 살짝 뿌려두었다가 물기를 거둔다.

5. 팬을 달구어 가지와 애호박을 노릇하게 구워내고 포도씨유를 살짝 넣고 유장 양념을 한 더덕을 노릇하게 구워낸다.

6. 구워낸 더덕은 반을 덜어 고추장 양념을 발라 다시 한번 구워낸다.

7. 유장으로 구워낸 더덕과 고추장 양념을 하여 구워낸 더덕에 송송 썬 실파를 뿌리고 구운 가지와 애호박을 곁들인다.

영양정보

더덕

사포닌을 풍부하게 함유하고 있어 쌉싸름한 맛이 나며, 고유의 향이 좋다. 기관지 질환 완화과 동맥경화 예방, 혈당 조절 등 다양한 효능을 가지고 있다. 칼슘, 인, 철분 같은 무기질과 비타민, 섬유질도 풍부하다.

가자미 카레구이

살코기가 쫄깃하여 씹는 감촉이 좋은 가자미를 카레향이 살짝 나도록 바싹 구운 생선구이.

/주재료/
손질 가자미 2마리

/부재료/
곁들임 어린채소 10g
레몬 1조각
타임 약간

/양념/
카레가루 1큰술
밀가루 3큰술
소금 약간
후추 가루 약간
포도씨유 3큰술

명장의 비법

- 가자미 대신 꽁치, 고등어, 갈치, 농어, 조기, 전어 등의 생선을 이용해도 된다
- 가자미 겉옷으로 밀가루 대신 전분을 묻혀 구워내도 된다.
- 소금간이 이미 되어있는 가자미는 별도로 간하지 않아도 된다.

만들기

1. 신선한 가자미는 흐르는 물에 씻어 키친타올로 물기를 거둔다.

2. 소금과 후춧가루로 밑간을 한다.

3. 준비 접시에 밀가루와 카레가루를 약간 섞어 두고 밑간한 가자미에 묻힌 후 덧가루는 털어낸다.

4. 팬을 달구어 포도씨유를 넉넉히 두르고 가자미를 앞뒤로 노릇하게 지져낸다.

5. 그릇에 구워낸 가자미를 담고 어린 채소, 레몬과 타임을 곁들여 낸다.

영양정보

가자미

비타민 B1, B2가 풍부하다. 비타민 B1은 뇌와 신경에 필요한 에너지를 공급하여 뇌를 활성화시키고 기력을 더해주는 작용을 한다. 스트레스를 많이 받는 사람에게 효과적이다.

묵은지 돼지고기 보쌈

단백질이 풍부한 돼지고기 수육에 묵은지와 새우젓, 채소를 곁들인 건강 보양식.

/주재료/
돼지고기
삼겹살 (목살) 300g

/부재료/
수육
통마늘 5개
생강 1톨
대파 1대
곁들임
묵은지 70g
풋고추 1개
오이 ⅓개

/양념/
수육 양념
된장 1큰술
청주 약간
곁들임 양념
쌈장, 새우젓 약간

명장의 비법

- 돼지고기 수육은 삶아 약간 식은 후에 썰어야 모양이 잡힌다.
- 묵은지 대신 쌈채소를 곁들여도 된다.

만들기

1. 삼겹살은 통으로 준비하여 냄비에 넣고 된장과 청주, 물을 넣어 센불로 끓인다. 끓어 오르면 거품을 걷어내고 통마늘, 생강편, 대파를 크게 넣고 중불로 30분 정도 삶아 낸다.

2. 풋고추는 1cm 정도로 자르고, 오이는 나무젓가락 크기로 자른다. 묵은지는 씻어서 먹기좋은 크기로 자른다.

3. 잘 삶은 수육은 0.5cm 두께 정도로 자른다.

4. 큰 접시에 수육을 올리고, 준비된 묵은지, 풋고추, 오이, 쌈장과 새우젓을 곁들인다.

영양정보

돼지고기
비타민 B1이 풍부하게 함유되어 있고, 단백질과 비타민과 무기질이 골고루 함유되어 있어 기력을 회복하는 데 도움이 되며 면역력을 증진에 좋다.

문어 숙회

타우린이 풍부한 문어를 살짝 데쳐 부드럽고 쫄깃한
식감으로 먹는 피로회복에 좋은 숙회.

/주재료/
문어 300g

/양념/
청주 1큰술

초고추장
고추장 1큰술
식초 1큰술
올리고당 1큰술

명장의 비법

- 문어를 삶을 때는 크기에 따라 시간 조절을 잘해야 한
  다. 끓는 물에 적당히 데쳐 얇게 썰어 먹으면 부드럽게
  씹히고 소화도 잘된다.
- 생문어 손질이 어렵다면 시판용 데친 문어를 이용한다
  (끓는 물에 30초 정도 살짝 데쳐 낸다).
- 손질한 두릅, 죽순도 살짝 데쳐서 곁들여도 좋다.
- 실파를 살짝 데쳐 돌돌 말은 파강회를 곁들여도 좋다.

만들기

1. 문어는 끓는 물에 청주를 넣고 다리 끝부분을 넣었
   다 빼기를 반복하여 다리모양이 예쁘게 말리도록
   한 다음 몸통을 넣어 익힌다.

2. 쫄깃한 식감을 원할 때는 8분 정도, 부드러운 식감
   을 원할 때는 12분 이상 삶는다.

3. 고추장에 식초, 올리고당을 더하여 초고추장을 만
   든다.

4. 삶아낸 문어는 살짝 식힌 후에 먹기 좋은 크기로
   썬다.

5. 접시에 문어 숙회를 올리고 초고추장을 곁들인다.

영양정보

문어

지질과 당질의 양은 적고 단백질은 풍부하다. 타우린이 풍부해
혈액의 중성지질과 콜레스테롤을 효과적으로 억제한다. 간의
해독작용을 도와 피로 회복에도 좋다

팽이버섯 전

섬유소가 풍부한 팽이버섯에 치즈가루를 넣어 고소함을 살린 건강 채소전.

1. 팽이버섯은 기둥을 떼어내고 흐르는 물에 씻어 3 등분한다.

2. 실파는 2cm 크기로 자르고, 양파와 홍고추는 곱게 채썬다.

3. 볼에 모든 재료를 담은 후 부침가루와 치즈가루, 물을 넣어 고루 섞이도록 나무젓가락으로 가볍게 섞어준다.

4. 팬을 뜨겁게 달구어 포도씨유를 두르고 팽이버섯 반죽을 넣어 작게 부쳐낸다.

/주재료/
팽이버섯 ½봉
(1봉 150g 짜리)

/부재료/
양파 1/8개
홍고추 ¼개
실파 2줄기

/양념/
부침가루 3큰술
치즈가루 ½큰술
생수
포도씨유

영양정보

팽이버섯

칼로리가 낮고 섬유소와 수분이 풍부하며, 혈중 콜레스테롤 수치를 낮춰 장이 깨끗하게 유지되도록 돕는다.

명장의 비법

– 팽이버섯은 기둥을 떼고 길이 그대로 이용하여 길게 부쳐내도 된다.
– 달걀을 넣어 영양을 더하여도 좋다.

볶음과 조림

파프리카 가지볶음

영양 많은 가지에 혈액 순환에 좋은 파프리카를 넣어 물컹하고 꼬들하게 볶아낸 채소 볶음.

/주재료/
가지 ½개(70g)

/부재료/
파프리카 ½개
새송이버섯 30g
대파 ¼대
마늘 3톨

/양념/
간장 ½큰술
고춧가루 ⅓작은술
포도씨유 1큰술
소금 약간
참기름 ½작은술

– 소금, 간장 대신 굴소스를 넣어 볶아내도 좋다.
– 고추장, 청양고추를 넣어 매운맛을 더하기도 한다.

만들기

1. 가지는 깨끗이 씻어 반을 갈라 어슷하게 썰어 소금을 약간 뿌려두었다가 물기를 꽉 짠다.

2. 파프리카는 채썰고, 새송이버섯은 가지와 비슷한 길이로 잘라 굵게 채썬다.

3. 대파는 3cm 길이로 잘라 채썰고, 마늘도 채썬다.

4. 달궈진 팬에 포도씨유를 두르고, 마늘을 넣어 향을 내다가 가지, 새송이버섯을 넣고 팬 가장자리에 간장과 고춧가루 약간을 넣어 볶아낸다.

5. 거의 다 익었을 때 파프리카와 대파채를 넣고 불을 끈다.

6. 싱거우면 소금으로 간하고 참기름으로 마무리한다.

영양정보

가지
칼로리가 낮고 수분이 94%나 되는 다이어트 식품으로 안토시아닌 색소는 항암 효과가 있다.

파프리카
칼슘과 인이 풍부하고 비타민 C 함유량이 많아 스트레스 해소에 도움이 되며, 풍부한 베타카로틴은 항암효과와 더불어 성인병과 노화를 예방해 준다.

감자 대파 볶음

비타민 C가 가득한 감자에 대파를 넣어 깔끔하게 볶아
낸 것으로 조금만 먹어도 쉽게 포만감을 주어 다이어
트하는 사람에게 좋다.

/주재료/
감자(中) 2개

/부재료/
당근 10g
풋고추 ½개
대파 ¼대

/양념/
포도씨유 1큰술
소금 약간
후춧가루 약간
물 ⅓컵

명장의 비법

- 감자는 팬에서 익히면 오래 걸리기 때문에 살짝 데쳐
  서 볶아도 된다.
- 소금 대신 간장, 고추장을 넣어 볶아도 된다
- 감자채의 씹히는 맛도 좋지만, 감자를 납작하게 반달
  모양으로 썰어 조림처럼 만들어도 된다.
- 감자는 표면에 흠집이 적고 매끄러운 것으로 무거우면
  서 단단한 것이 좋다

만들기

1. 감자는 0.3cm 크기로 채썰어 찬물에 담가 전분기
   를 뺀다.

2. 당근은 채썰고, 풋고추는 반을 갈라 어슷 썰고, 대
   파는 3cm 길이로 잘라 채썬다.

3. 팬을 달구어 포도씨유를 두르고 감자채와 소금 약
   간을 넣어 충분히 볶는다. 처음에는 센불에서 볶다
   가 어느 정도 익어갈 때 물을 조금 넣어 충분히 익
   힌다.

4. 거의 다 볶아졌을 때 풋고추와 대파채, 후춧가루를
   넣어 마무리한다.

영양정보

감자

감자에 들어있는 비타민 C는 고혈압이나 암을 예방하고, 스트
레스로 인한 피로를 없앤다. 감자의 비타민 C는 익혀도 쉽게 파
괴되지 않는 장점이 있다. 철분이 잘 흡수될 수 있도록 하여 빈
혈 예방에 효과적이고, 펙틴이 들어있어 변비에도 좋다.

꽈리고추 멸치볶음

칼슘이 풍부한 멸치와 비타민이 많은 꽈리고추를 함께 볶아낸 칼슘 가득한 반찬.

/주재료/
조림용 멸치 ⅓컵

/부재료/
꽈리고추 5개(30g)
마늘 5톨

/양념/
간장 ½작은술
청주 1큰술
올리고당 1큰술
통깨 ½작은술
포도씨유 2큰술

명장의 비법

- 꽈리고추는 통으로 조리할 때는 꼬치로 찔러 양념이 잘 배도록 한다.
- 고추장을 넣어 빨갛게 볶아도 된다.
- 꽈리고추 대신 풋고추를 어슷썰어 넣거나 마늘쫑을 넣어도 된다.
- 견과류(호도, 아몬드, 호박씨 등)를 넣어도 좋다.

만들기

1. 멸치는 조림용 멸치를 준비하여 둔다.

2. 꽈리고추는 반으로 잘라두고 마늘은 편으로 썬다.

3. 달군 팬에 포도씨유를 넣고 꽈리고추를 넣어 프라이팬 옆으로 간장 1작은술을 넣고 새파랗게 살짝 볶아내어 넓은 접시에 식힌다.

4. 그 팬에 포도씨유를 넣고 온도가 오르면 마늘 편을 넣어 향을 내어 멸치를 바삭하게 볶다가 청주 1큰술을 넣어 비린맛을 없앤 후 올리고당을 넣는다.

5. 각각 볶아낸 멸치와 꽈리고추를 함께 담아내고 통깨를 살짝 뿌린다.

영양정보

멸치

어린이 성장과 발육에 갱년기 여성의 골다공증 예방, 태아의 뼈 형성을 돕는 칼슘의 제왕이다. 단백질과 무기질이 풍부해 피곤해진 근육에 자양강장제 역할을 한다.

꽈리고추

식욕 증진, 항산화 효과가 있다. 멸치에 들어있지 않은 비타민 C와 섬유질, 철분, 비타민 A를 보충해 멸치와 함께 볶아먹으면 좋다

샐러리 호두볶음

샐러리의 독특한 향과 영양 좋은 호도의 고소한 맛이 어울리는 비타민이 풍부한 볶음 요리.

/주재료/
샐러리 50g
(10cm×2줄기)

/부재료/
호두 30g
대파 ⅓대

/양념/
간장 ½큰술
올리고당 1큰술
참기름 ½작은술
포도씨유 1큰술

명장의 비법

– 돼지고기를 채썰어 넣어도 맛있다.
– 샐러리는 동글동글 썰어도 된다.
– 샐러리 잎도 영양이 많으므로 잘게 썰어 볶음 요리에 사용하면 비타민 A를 다량 섭취할 수 있다.

만들기

1. 샐러리는 섬유질 부분을 제거하여 어슷하게 썰어 준비한다.

2. 대파는 송송 썰고, 호두는 가루를 털어낸다.

3. 팬을 달구어 포도씨유를 두르고 대파를 넣어 노릇하게 볶아 향을 낸다.

4. 여기에 샐러리와 호두를 넣고 프라잉팬 옆으로 간장 약간을 넣어 불맛을 주어 샐러리가 아삭하도록 새파랗게 볶아낸다.

5. 불을 끄고 올리고당과 참기름을 약간 넣어 접시에 담아낸다.

영양정보

샐러리

수분과 비타민 A가 풍부해 눈 건강에도 좋으며, 면역력을 증진시키는 비타민 B1, B2, C 등도 다량 함유되어 있다.
풍부한 칼륨이 나트륨을 몸 밖으로 배출시키는 데 도움을 주며, 식이섬유 함유량이 많아 다이어트 식품으로 좋다

호두

불포화지방산이 많아 다이어트 시 지방 섭취에 좋다. 양질의 지방과 비타민 E가 풍부해 동맥경화를 예방한다. 호두에 풍부한 지방산과 비타민 E는 항산화 작용을 도와 피부 건강에 도움을 준다.

들기름 떡볶이

들기름의 고소한 맛과 매콤 달달한 맛 두가지 맛을 모두 느낄 수 있는 건강식 떡볶이.

만들기

1. 떡볶이 떡은 가닥가닥 떼어낸 후 물에 헹궈 체에 올려서 물기를 뺀다.

2. 실파는 송송 썰어둔다.

3. 팬에 들기름을 두르고 준비한 떡볶이떡의 반을 넣고 튀기듯이 볶다가 간장 약간을 넣고 노르스름하게 익혀낸다.

4. 팬에 들기름을 두르고 다진마늘을 넣어 볶다가 떡볶이떡 나머지를 넣고 튀기듯이 볶은 후 고춧가루와 간장 약간을 넣어 빨갛게 볶아낸다. 고춧가루가 들어가면 타기 뒤우니 불을 약하게 줄여 천천히 볶아낸다. 불을 끄고 올리고당을 넣는다.

5. 접시에 두가지 맛의 들기름 떡볶이를 담고 실파를 뿌려낸다.

/주재료/
떡볶이떡 150g

/부재료/
실파 2줄기

/양념/
하얀 양념
들기름 1큰술
간장 1작은술

빨간 양념
들기름 1큰술
간장 1작은술
올리고당 1큰술
다진마늘 ⅓작은술
고춧가루 ½큰술

명장의 비법

- 떡볶이 떡은 튀기듯이 익혀야 국물 없는 들기름 떡볶이에 잘 어울린다.
- 두 가지(안매운맛, 매운맛)의 양념이 번거러우면 들기름과 간장의 기본 양념에 볶아 반은 하얀 떡볶이로 완성하고, 나머지 반은 고춧가루와 올리고당을 추가하여 볶아낸다.

영양정보

들기름

들기름은 불포화지방인 α-리놀레산을 함유하고 있어 DHA·EPA 등과 같은 오메가-3 지방산으로 고혈압 등 성인병 예방과 학습 능력 향상에 효과적이다.

검정콩 호두조림

건강식품으로 불리는 블랙푸드의 대표 주자. 검은콩을 이용하여 단맛이 나도록 조린 콩조림.

/주재료/
검은콩 ½컵(70g)
 → 불리면 1컵(120g)

/부재료/
호두 30g
통깨 약간

/양념/
간장 ¼컵
맛술 ¼컵
올리고당 2큰술
물 5컵

명장의 비법

- 간장은 처음부터 함께 넣으면 늦게 익는다.
- 물은 3~4등분하여 여러 번에 나누어 넣는다.
- 올리고당은 높은 온도에서 녹으면 단맛도 사라지고 윤기가 덜하기 때문에 불을 끈 다음에 넣는다.
- 호두는 마른팬에 살짝 볶아 콩조림에 섞으면 더욱 고소하다.
- 검정콩 대신 연근으로 조리하여도 좋다

만들기

1. 검정콩은 찬물에 3시간 이상 충분히 불리고, 호두는 가루를 털어내어 준비한다.

2. 코팅이 잘된 냄비에 불린 콩과 불린 콩물을 넣어 뚜껑을 열고 끓인다. 끓어오르면 거품을 살짝 걷어내고, 중불로 줄여 콩이 충분히 익도록 끓인다.

3. 어느 정도 콩이 익어가면 간장과 맛술을 넣고 중간중간 저어가며 익히도록 한다.

4. 국물이 어느 정도 졸여지면 호두를 넣고 불을 세게 올려 윤기나게 조린다.

5. 불을 끄고 올리고당과 통깨를 뿌린다.

영양정보

검정콩

밭에서 나는 쇠고기라고 부를 정도로 영양가가 뛰어난 검은콩은 노화 방지, 성인병 예방과 다이어트에 효과가 있다. 혈액 순환을 활발하게 하며 모발 성장에도 좋다. 안토시아닌 색소를 많이 함유하고 있어 시력 회복과 항암 효과도 있다.

호두

불포화지방산이 많아 다이어트 시 지방 섭취에 좋다. 양질의 지방과 비타민 E가 풍부해 동맥경화를 예방한다. 호두에 풍부한 지방산과 비타민 E는 항산화 효과가 있어 피부 건강에 도움을 준다.

코다리 조림

촉촉한 코다리에 간장 양념을 하여 부드럽고 쫄깃한
코다리 조림.

/주재료/
(냉동) 반건조 코다리
1마리

/부재료/
대파 1줄기

/양념/
간장 2큰술
고춧가루 2큰술
물 2큰술
다진 파 2큰술
다진 마늘 1큰술

다진 생강 ½작은술
매실청 1큰술
미향 2큰술
청주 1큰술
배(1/8개)와 양파(1/8
개) 갈은 것 ½컵
포도씨유 약간

명장의 비법

- 반건조 코다리는 4마리씩 묶어서 판매하거나, 토막 내
어 봉으로 판매하니 편한 것으로 준비하여 한꺼번에 양
념하여 재워 두었다가 그때 그때 구워 먹는다.
- 뼈 손질이 어려우면 뼈째 양념하였다가 구워서 먹을
때 잘 발라가며 먹어도 된다.
- 마른 북어를 충분히 적셔 손질된 시래기와 함께 조려
도 된다.

만들기

1. 반건조 코다리는 흐르는 물에 비늘을 살짝 긁고,
지느러미는 가위로 자른다. 냉동이 살짝 풀리면 물
기를 거두어 배를 가르고 뼈 부분은 칼로 길게 제
거한다.

2. 코다리 모양대로 머리, 배, 꼬리 부분으로 3토막
낸다.

3. 대파는 길게 어슷썰고 배와 양파는 등분하여 블렌
더에 갈아 둔다.

4. 간장에 고춧가루, 배, 양파 간 것과 나머지 양념을
넣고 잘 섞는다.

5. 접시에 코다리 손질한 것을 담고 양념을 잘 발라
둔다.

6. 양념이 잘 배었으면 후라이팬에 포도씨유를 두르
고 안쪽살부터 지져서 뒤집어 마저 익힌 후 대파채
와 곁들인다.

영양정보

코다리

내장을 뺀 명태를 반건조시킨 것으로 메티오닌과 같은 아미노
산이 풍부하여 맛이 좋다. 지방 함량이 낮고 열량이 낮아서 다
이어트에 좋다.

곤약 메추리알 장조림

삶은 메추리알과 곤약에 간장맛을 충분히 배게하여 건강식으로 먹는 장조림.

/주재료/
메추리알 1팩(20~25알)

/부재료/
곤약 100g
마늘 5톨
꽈리고추 3개

/양념/
간장 ⅓컵
물 2컵
올리고당 2큰술

명장의 비법

- 간장물을 끓이다가 마늘, 꽈리고추를 익혀 내면 향이 잘 배어 감칠맛이 난다.
- 마늘, 꽈리고추는 오래 익히면 짜지고 모양과 색도 덜하다.
- 달걀로 조리해도 된다.

만들기

1. 메추리알은 깨끗하게 씻어 10분 이상 삶아낸 후 껍질을 벗긴다.

2. 곤약은 메추리알 정도 크기로 잘라 뜨거운 물에 데쳐 낸다.

3. 마늘은 편으로 썰고, 꽈리고추는 꼬챙이로 찔러 준비한다.

4. 간장과 물을 넣어 끓기 시작하면 마늘 편과 꽈리고추를 넣어 2분 정도 살짝 익혀 건진다.

5. 여기에 메추리알과 곤약을 넣어 5분 이상 조린다. 불을 끄고 올리고당을 넣는다.

6. 용기에 마늘, 꽈리고추 익힌 것을 담고, 곤약, 메추리알 조림을 국물과 함께 촉촉하게 담아 낸다.

영양정보

메추리알

양질의 단백질과 필수아미노산이 풍부하며 칼로리가 낮아 다이어트에 효과적이다. 어린이 성장발육 촉진, 회복기 환자 치유에 도움이 되고, 회복기 노인분들이 섭취하면 좋다.

곤약

칼로리가 거의 없기 때문에 다이어트에 좋고 장운동을 활발히 하여 변비에 효과적이다. 열량이 낮아 비만 예방에도 좋다. 혈당 증가를 늦추는 작용이 있어 당뇨식에도 활용된다.

새우장

싱싱한 새우를 손질하여 직접 끓인 간장물에 재워 만든 짭조름한 간장 새우.

/주재료/
새우 10마리

/부재료/
마늘 5톨
생강 1톨
대파 ½대
마른고추 1개
대추 5개
레몬 슬라이스 2조각

/양념/
간장 ½컵
물 1½컵
청주 3큰술
미향 3큰술
올리고당 3큰술

명장의 비법

– 머리와 껍질 부분을 떼어내고 새우장을 하여도 된다
– 게장, 전복장으로 응용해도 된다.

만들기

1. 새우는 등부분의 내장을 꼬치로 빼어 손질한 다음 씻어 물기를 빼둔다.

2. 마늘과 생강은 편으로, 대파는 크게 등분한다. 마른고추는 1cm 크기로 자르고 대추는 돌려깎기 하여 씨를 뺀다.

3. 간장과 물, 청주, 미향을 넣고 모든 재료(마늘, 생강, 대파, 마른고추, 대추)를 넣고 살짝 끓인 후, 불을 끄고 식힌 다음 올리고당을 넣는다.

4. 보관 통에 레몬 슬라이스를 깔고 손질한 새우를 담고, 조린 간장을 부어 냉장 보관한다.

영양정보

새우

고단백, 저지방 식품으로 칼슘과 타우린이 풍부하게 들어 있어 고혈압 예방과 성장 발육에 효과적이고 키토산은 혈액 내 콜레스테롤을 낮추는 역할을 한다.

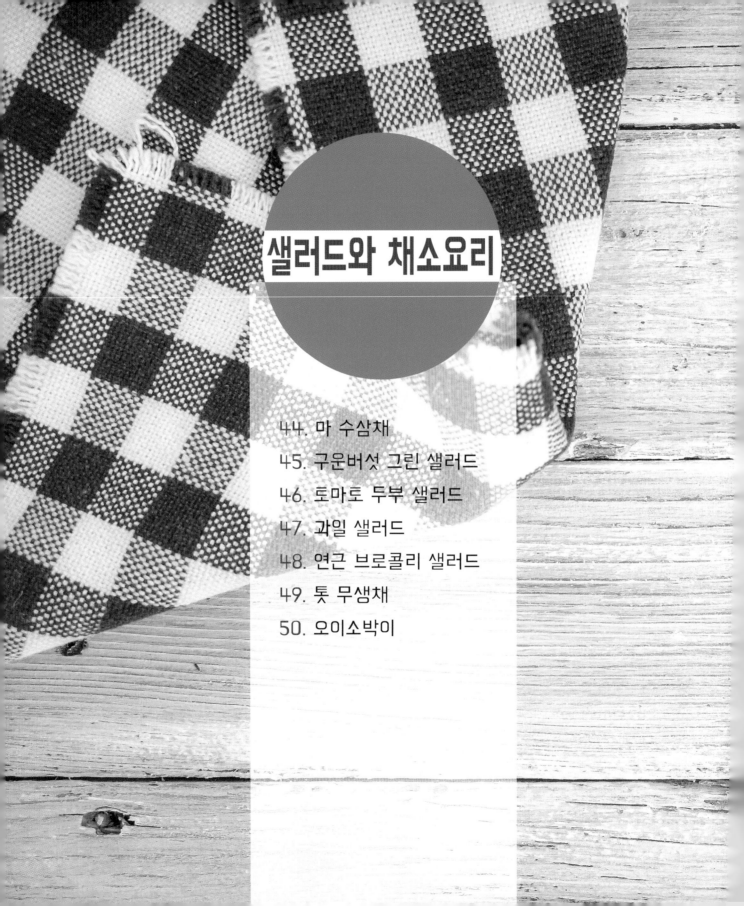

샐러드와 채소요리

마 수삼채

원기회복과 소화에 좋은 마를 가볍게 먹을 수 있는 간단 영양 샐러드.

/주재료/
마 150g

/부재료/
수삼 1뿌리
대추 1개
실파 2줄기

/양념/
간장 ½큰술
꿀 ½큰술
생수 ½큰술
고추냉이(와사비) ½작은술

명장의 비법

- 마는 강판에 곱게 갈아 즙으로 먹어도 좋다.
- 마는 탱탱하고 무게감이 느껴지면서 두께가 굵은 것이 좋으며, 잘라 놓은 마는 뮤신 성분이 손실될 수 있으므로 통으로 흙이 묻어 있는 것을 구매하는 것이 좋다.
- 실파는 송송 썰어 물에 살짝 헹구어 매운맛을 줄여도 좋다.
- 구운김을 가위로 곱게 채썰어 올려도 좋다.

만들기

1. 마는 필러로 껍질을 벗겨 5cm 정도 길이, 0.3cm 폭으로 채썬다.

2. 수삼은 3cm 길이로 곱게 채썰고, 실파는 송송, 대추는 곱게 채썬다.

3. 간장과 꿀, 생수, 와사비를 넣어 간장맛 소스를 만든다.

4. 채썬 마와 수삼, 대추채를 그릇에 담고 소스와 실파를 얹어 낸다.

영|양|정|보

마

뮤신이라는 점액질이 풍부해 위벽을 보호하고, 소화를 촉진하는 아밀라아제 효소가 풍부하다. 피를 맑게 하고 원기 회복에 좋으며, 비타민 B1, B12, C와 칼륨, 인 등 무기질 함량이 높다.

구운버섯 그린 샐러드

식이섬유가 풍부한 샐러드 채소에 향미가 좋은 구운 버섯을 넣어 영양을 더한 샐러드.

만들기

1. 버섯은 모양대로 썰고, 만가닥 버섯은 가닥가닥 갈라 마른 팬이나 석쇠에 노릇하게 구워낸다.

2. 로메인은 길이대로 씻어 준비하고, 오이는 동그란 모양대로 얇게 썰고, 올리브는 동그란 모양대로 썬다. 샐러리는 곱게 어슷 썬다.

3. 간장에 올리브유를 섞은 뒤 식초즙으로 마무리한다.

4. 은행은 포도씨유에 살짝 볶은 후 껍질을 벗긴다.

5. 큰 샐러드 접시에 구운 버섯과 준비된 재료를 곁들여 담고, 소스와 치즈가루, 적후추를 손으로 부수어 뿌려낸다.

/주재료/

버섯
새송이 버섯 1개
생표고 1개
만가닥 버섯 10g

/부재료/

로메인 1줄기
오이 ¼개
샐러리 ⅓대
은행 5알
올리브 3알
치즈가루 약간
적후추(핑크페퍼) 약간

/양념/

간장 1큰술
올리브유 3큰술
레몬즙 약간

영양정보

버섯
풍미가 좋고 고단백, 저칼로리 식품이면서 식이섬유, 비타민, 철 등 무기질이 풍부한 건강식품으로 섬유질이 풍부하다.

푸른 채소
비타민이 풍부하고 소화를 촉진하여 피부 미용에 좋고, 해독을 도와 마음을 안정시켜 준다

명장의 비법

- 소스는 시판용 오리엔탈 드레싱을 이용해도 된다.
- 샐러드 채소만의 부족한 영양은 삶은 달걀, 훈제 연어, 손질하여 데친 새우, 문어 등으로 보충해도 좋다.

토마토 두부 샐러드

항산화 식품의 대표인 토마토와 순두부, 채소를 함께
곁들인 가볍게 먹는 건강 샐러드.

/주재료/
토마토 작은 사이즈 1개

/부재료/
순두부 100g(⅓봉)
어린잎 채소 20g

/양념/
발사믹 식초 1큰술
올리브 오일 2큰술
꿀 1큰술

명장의 비법

- 토마토는 뜨거운 물에 실짝 데쳐 껍질을 없애도 된다.
- 순두부 대신 연두부를 이용해도 된다.
- 발사믹 소스 대신 바질 페스토 등 입맛에 맞는 다른 드레싱을 뿌려 먹어도 된다.

만들기

1. 토마토는 동그란 모양으로 잘라 반으로 가른다.

2. 순두부는 도마에 놓고 동그란 모양대로 썰어 켜켜이 옆으로 눕힌다. 도마를 기울여 놓고 뜨거운 물을 살살 부어 물기가 빠지도록 따뜻하게 준비한다.

3. 어린 잎은 체에 담아 흐르는 물에 씻어 물기를 빼둔다.

4. 발사믹 식초와 올리브오일, 꿀을 넣어 드레싱을 만든다.

5. 접시에 토마토 썰은 것을 담고, 그 위에 준비한 순두부, 어린 잎을 올려 드레싱을 뿌린다.

영양정보

토마토

비타민, 식이섬유 등의 풍부한 영양을 함유한 토마토는 라이코펜, 베타카로틴 등 항산화 물질이 많고 변비 예방에도 도움이 된다. 기름진 음식을 먹을 때 토마토를 곁들이면 소화를 촉진하고 위의 부담을 줄여준다.

순두부

영양소가 풍부한 콩으로 만들어 소화가 쉬운 영양식품으로 피부 건강에도 좋다.

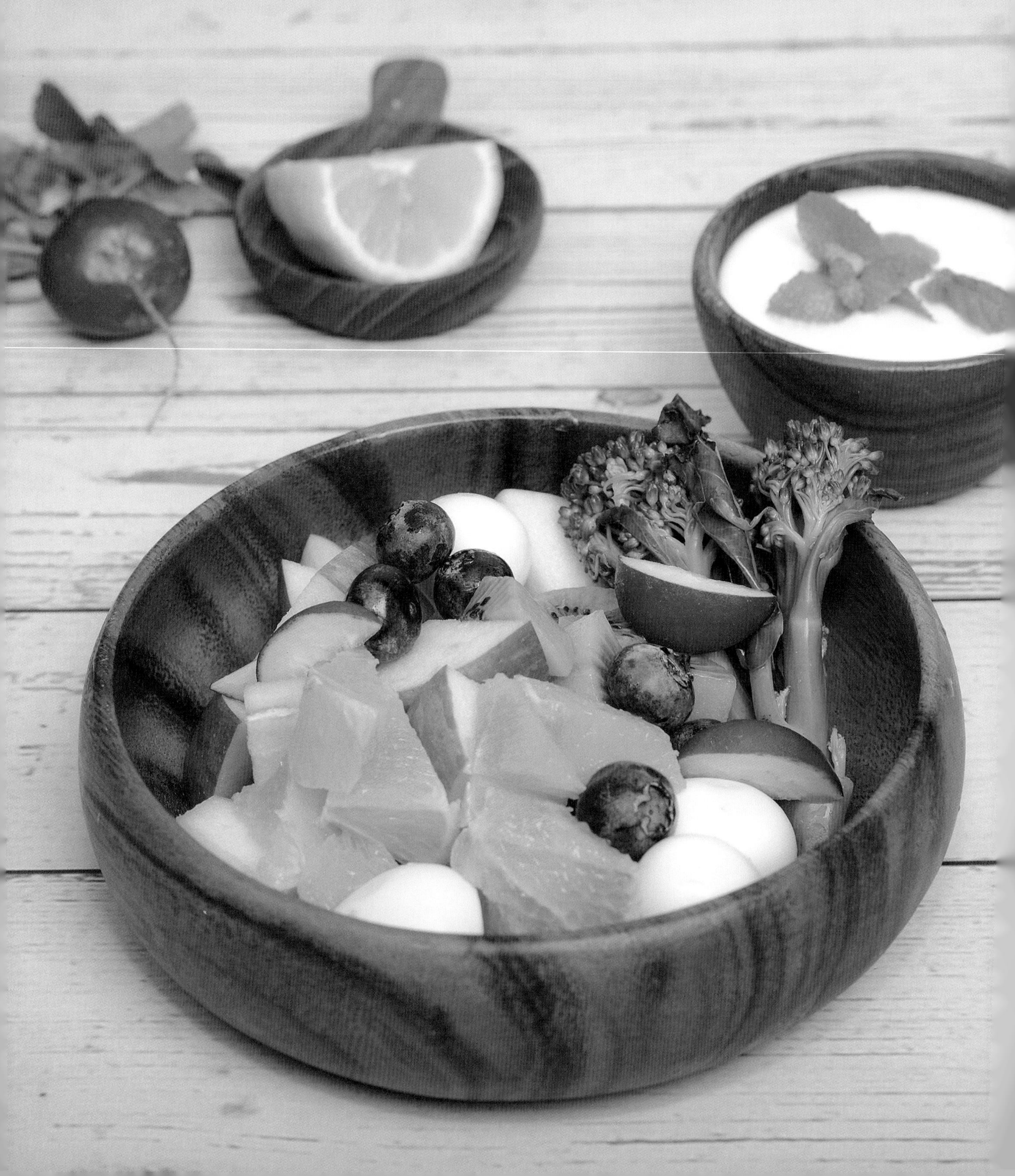

과일 샐러드

신선한 과일에 유산균이 풍부한 요거트 드레싱을 뿌려 먹는 건강 비타민 샐러드.

/주재료/
사과 ¼개
오렌지(천혜향 or 황금향 or 자몽) ½개

키위 ½개
블루베리 10알

/부재료/
메추리알 5알
잣 ½큰술

/양념/
플레인 요거트 1컵
꿀 1큰술

명장의 비법

- 과일의 종류는 계절에 따라 단감, 배, 귤, 참외, 딸기, 바나나, 파인애플, 샤인머스켓 등 어떤 과일도 좋다.
- 오렌지는 투명한 속껍질을 없애고 과육만 발라주면 훨씬 부드럽다.
- 메추리알은 한 판(20~25개들이)을 한꺼번에 삶아 놓았다가 샐러드 먹을 때마다 넣어 먹으면 편리하다.

만들기

1. 사과는 껍질째, 키위는 껍질을 벗겨 먹기 좋은 크기로 자른다.

2. 오렌지는 과육이 흩어지지 않도록 주의하며 반으로 잘라둔다.

3. 블루베리는 흐르는 물에 씻어 물기를 뺀다.

4. 메추리알은 깨끗하게 씻어 10분 이상 끓여 익혀 껍질을 벗긴다.

5. 볼에 과일과 메추리알, 잣을 담고 요거트와 꿀을 넣고 골고루 잘 섞어준다.

영양정보

과일

제철 과일은 비타민이 풍부하고 섬유소가 풍부하며 면역력을 향상시킨다.

요거트

유산균이 풍부하여 장을 깨끗하게 하고 원활한 배변 활동에 도움을 준다. 우유를 원재료로 사용해 만들기 때문에 칼슘이 많이 들어 있다.

연근 브로콜리 샐러드

피로회복에 좋은 연근과 브로콜리를 함께 넣어 견과류를 곁들인 유자향이 좋은 샐러드.

만들기

1. 연근은 껍질을 벗겨 얇게 편으로 썰어 뜨거운 물에 데친 후 찬물에 식혀 물기를 뺀다.

2. 브로콜리는 작게 잘라 뜨거운 물에 데친 후 찬물에 식혀 물기를 뺀다.

3. 파프리카는 채썰어 준비한다.

4. 유자청에 레몬즙을 약간 넣어 유자 드레싱을 만든다.

5. 샐러드 접시에 연근, 브로콜리, 파프리카, 견과를 담고 유자청과 레몬즙을 뿌려낸다.

/주재료/
연근 100g

/부재료/
브로콜리 50g
파프리카 ¼개
견과류 1큰술

/양념/
유자소스
유자청 2큰술
레몬즙 1작은술

명장의 비법

- 연근을 데칠 때는 식초 약간을 넣어 연근 특유의 향을 없앤다.
- 연근의 아삭함을 원할 때는 뜨거운 물에 살짝만 데쳐낸다.
- 브로콜리를 구입할 때는 송이가 단단하고 가운데가 볼록하게 솟아올라 있으며 줄기를 잘라낸 단면이 싱싱한 것을 고른다.

영양정보

연근
식이섬유소가 풍부하고 비타민 C와 철분이 많아 혈액 생성과 빈혈 예방에 도움을 준다. 피로 회복, 불면증, 기침에도 효과가 있다.

브로콜리
항산화 물질과 다량의 칼슘을 함유하고 있다. 브로콜리에는 비타민 C, 베타카로틴 등 항산화 물질이 풍부하다

톳 무생채

꼬들꼬들한 식감이 매력적인 톳에 무채를 섞어 새콤달콤 무친 생채.

/주재료/
톳 50g

/부재료/
무 100g

/양념/

무 양념
소금 약간

고운 고춧가루 약간
식초 1큰술
올리고당 1큰술
톳 양념
청장(국간장) ½작은술
마늘 ⅓작은술

명장의 비법

- 생톳을 구하기 어려울 때는 염장된 톳을 사용한다. 소금기가 빠지도록 흐르는 물에 헹구어 찬물에 담구어 사용한다
- 톳은 톳밥, 무침, 샐러드, 냉국 등으로 요리할 수 있다.
- 채칼을 이용하여 무채를 준비해도 된다.

만들기

1. 생톳은 체에 담아 흐르는 물에 씻어 끓는 물에 살짝 데친 후 찬물에 헹구어 물기를 뺀다(크기가 크면 먹기 좋게 자른다).

2. 무는 0.3cm 정도의 두께로 채썰어 준비한다.

3. 채썬 무에 소금과 고운 고춧가루를 넣어 색과 간을 맞추고, 올리고당, 식초를 넣어 새콤달콤하게 무친다.

4. 물기를 뺀 톳에 청장과 마늘을 넣어 무친다.

5. 각각 양념된 무채와 톳을 합하여 버무린다.

영양정보

톳

칼슘, 요오드, 철 등 무기염류가 풍부한 해조류로 섬유질을 포함하고 있어 변비에도 좋으며, 점액질의 물질이 소화운동을 도와 준다.

무

비타민 C의 함량이 많다. 무즙에는 디아스타아제라는 효소가 있어 소화를 촉진시킨다.

오이소박이

익은 뒤에도 아삭함이 살아있는 입맛 살리는 상큼한
맛의 아삭한 오이김치.

/주재료/
오이 1개

/부재료/
부추 15g

/양념/
오이 절이는 소금 1큰술

소 양념
고춧가루 1큰술
다진 파 1작은술
다진 마늘 ½작은술
생강 ⅓작은술
소금 약간
물 ⅓컵

만들기

1. 오이는 4~5cm 정도의 크기로 토막내어 열십자로
   칼집을 내고 소금에 절인다.

2. 부추는 송송 썰어 고춧가루와 나머지 양념을 넣어
   소를 만든다.

3. 절인 오이는 물기를 짜고 칼집 사이에 소를 고루
   채워 넣는다.

4. 소를 버무린 그릇에 물 ⅓컵 정도의 물을 부어 양
   념을 씻어 소금을 타서 살며시 붓는다.

영양정보

오이
칼로리가 낮고 지방 함량이 적어 다이어트에 적합하며 수분이
풍부해 다이어트 시 부족해질 수 있는 수분을 보충할 수 있다.

명장의 비법

- 오이소박이는 살짝 익혀 먹어도 맛있고, 생으로 샐러
  드처럼 먹어도 좋다.
- 소금 간 대신 새우젓으로 간을 해도 별미이다.
- 오이는 생식을 하거나 샐러드, 조림, 볶음, 절임하여
  김치류나 피클류로 사용한다.

박미란 한식명장의 사업 및 활동